Jonas Verlag

Bibliografische Informationen der Deutschen Nationalbibliothek

Die Deutsche Nationalbibliothek verzeichnet diese Publikation in der Deutschen Nationalbibliografie; detaillierte bibliografische Daten sind im Internet unter http://dnb.d-nb.de abrufbar.

Coverabbildung: „Ogata Korin", japanischer Windgott, Edo Periode, 18. Jahrhundert.

für Kunst und Literatur GmbH
Weidenhäuser Str. 88
D – 35037 Marburg
www.jonas-verlag.de

Gestaltung: Kathrin Brömse

Druck: Fuldaer Verlagsanstalt

ISBN 978-3-89445-438-8

Utz Thimm, Regina Oehler, Karl-Heinz Wellmann (Hg.)

WETTER im WANDEL

Begleitbuch zum Funkkolleg „Mensch und Klima“

Jonas Verlag

Inhalt

Vorwort

Das Wetter vorherzusagen ist leicht: Man braucht nur für morgen das Wetter von heute zu prognostizieren und wird in weit über der Hälfte der Fälle richtig liegen. Den Meteorologen ist es erst vor erstaunlich kurzer Zeit gelungen, bessere Ergebnisse zu erzielen. Der Aufwand, den sie dafür treiben, ist immens, aber er lohnt sich. Viele Menschen schalten nur wegen der Wettervorhersage Radio oder Fernseher ein.

Doch das Wetter hat seine Unschuld verloren. Bei jedem heißen Sommer, jeder Überschwemmung stellt sich inzwischen der Verdacht ein, der Mensch sei schuld. „Handele so, dass die Wirkungen deiner Handlung verträglich sind mit der Permanenz echten menschlichen Lebens auf Erden", hat Hans Jonas bereits 1979 in „Das Prinzip Verantwortung" geschrieben. Niemand wird behaupten wollen, dass wir dieser Forderung in den letzten 30 Jahren näher gekommen seien. Heute liefert der Klimawandel den grollenden Unterton zu jeder Diskussion über Wetterphänomene. Unser Verhalten aber ändern wir nur sehr zögerlich. Dieses Buch will Lust machen, die engen Verflechtungen zwischen Leben und Klima genauer zu erkunden. Denn so viel macht dieses Buch klar: Jedes Lebewesen beeinflusst durch seine schiere Existenz das Klima. Und nicht nur Wetter ist erratisch, auch so etwas wie ein konstantes Klima gab es noch nie. Umso wichtiger erscheint es, die Ressourcen dieser Erde vorsichtig zu nutzen und konsequent gegen die menschengemachten Klimaprobleme anzugehen.

Es wäre vermessen, in einem Buch die komplette Meteorologie und Klimatologie abhandeln zu wollen. Stattdessen versuchen wir, großen Themen eine neue Seite abzugewinnen. Oder hätten Sie gewusst, dass Celsius seine Thermometerskala genau anders herum wie heute festgelegt hat, also mit null Grad bei der Temperatur kochenden Wassers und hundert Grad bei der Temperatur gefrierenden Wassers? Wir lassen uns mit einem russischen Wissenschaftler auf einer Eisscholle am Nordpol treiben und Oliver Sacks erzählt, wie ein Blitzschlag die Liebe zur Musik entzünden kann. Von Claus Leggewie und Harald Welzer erfahren wir, was wir von den Philippinen für unseren Umgang mit dem Klimawandel lernen können.

Dieses Buch ist zugleich ein Angebot an die Hörerinnen und Hörer des Funkkollegs „Mensch und Klima: Wetter im Wandel", sich im Anschluss an die Radiosendungen vertiefend mit den Themen der Sendereihe zu befassen. Die vom Hessischen Rundfunk produzierten 26 Halbstunden-Sendungen zeichnen den Weg nach, wie die ersten Menschen dank des Klimawandels den aufrechten Gang erprobten, spüren der tiefen Verwurzelung von Wetterphänomenen in vielen Religionen nach, prüfen, was Bauernregeln wert sind, klären, wie Wetter, Klimawandel und Gesundheit zusammenhängen und warum das Leben in Hochhäusern ökologisch angemessen sein kann.

Wie das Funkkolleg insgesamt, so richtet sich auch dieses Buch an alle, die sich solide, allgemeinverständlich und auf dem neusten Stand der Wissenschaft über Wetter und Klima informieren wollen. Angesprochen werden sollen ferner Studierende, sowie Schülerinnen und Schüler, die ihr Fachwissen vertiefen oder Anregungen für Unterrichtsangebote und Diskussionsrunden sammeln möchten.

Anknüpfend an das seit Jahrzehnten erprobte Funkkolleg-Modell wird so ein Orientierungskurs geboten, der 26 Kollegsendungen im Hörfunk, Begleitzirkel bei den Volkshochschulen und die Materialien in diesem Buch enthält.

Frankfurt am Main, August 2010
Utz Thimm
Regina Oehler
Karl-Heinz Wellmann

Eine Zeitreise durch unsere Klimageschichte

Sven Plöger, Jahrgang 1967, sagt seit 1999 in Funk und Fernsehen das Wetter voraus und ist vielen Zuschauern vor allem aus dem „Wetter im Ersten" nach den „Tagesthemen" bekannt. Er hat Meteorologie an der Universität zu Köln studiert.

Starten wir diese Zeitreise vor vergleichsweise vielen, nämlich rund 13,7 Milliarden Jahren. Damals ging alles los mit dem Urknall und „schon" wenige Hundert Jahrmillionen später entstand wahrscheinlich unsere Galaxie – die Milchstraße. Heute beherbergt sie eine durchaus respektable Anzahl von etwa 100 bis 300 Milliarden Sternen. Unser Sonnensystem bildete sich wohl aus einer Staub- und Gaswolke, die vorwiegend aus Wasserstoff und Helium und zu einem geringen Anteil aus schwereren Elementen bestand. Vor etwa 4,6 Milliarden Jahren verdichteten sich 99 Prozent der Materie im Zentrum der Wolke. Die Gase wurden dort immer heißer, bis durch Kernfusion Energie erzeugt wurde: Unsere Sonne – ebenfalls bestehend aus Helium und Wasserstoff – entstand. Der kleine Materierest von einem Prozent, der sich durch die Drehimpulserhaltung beim Zusammenziehen der Wolke immer schneller drehte, ordnete sich in einer flachen Scheibe an. Durch die Hitze der Strahlung wurden die leichteren Gase nach außen gedrückt, weshalb sich Gasplaneten wie Jupiter oder Saturn heute weit von der Sonne entfernt befinden. Die schwereren Staubteilchen verblieben hingegen näher am Zentrum und verklumpten zu größeren Körpern. Es kam zu einem unbeschreiblichen Durcheinander mit endlos vielen Kollisionen. Je größer die Gesteinsbrocken wurden, desto mehr nahm ihre Schwerkraft zu, was sie auf Kosten der kleineren Brocken noch weiter wachsen ließ. So entstanden vor ziemlich genau 4,57 Milliarden Jahren die inneren Gesteinsplaneten Merkur, Venus, Erde und Mars.

Ganz am Anfang gab es auf der Erde für kurze Zeit die Uratmosphäre aus Wasserstoff und Helium, die vom Sonnenwind – bestehend aus Elektronen und Protonen – aber rasch „weggeweht" wurde. Vor rund 4 Milliarden Jahren kühlte sich unser Planet auf unter 100 Grad Celsius ab und die Erdkruste begann sich zu bilden. Der Prozess der Krustenbildung, der häufige Einschlag mehrerer 100 Kilometer großer Gesteinsbrocken und intensiver Vulkanismus setzten viele Gase frei und dies führte zu einer neuen, zweiten Atmosphäre. Sie konnte von der Schwerkraft gehalten werden und bestand wahrscheinlich zu 70 Prozent aus Wasserdampf und zu 25 Prozent aus Kohlendioxid. Der Rest waren molekularer Stickstoff sowie typische Gase, die bei Vulkanausbrüchen heute noch freigesetzt werden. Sauerstoff gab es aber noch nicht – diese Atmosphäre war in unserem Sinne lebensfeindlich.

Der junge Planet kühlte sich weiter ab, und deshalb konnte der Wasserdampf nun kondensieren: Die wohl längste „Schlechtwetterperiode" auf Erden setzte ein. Etwa 40 000 Jahre hat es durchgeregnet, aber kräftig. Rund 3000 Liter Wasser fielen pro Tag auf jeden Quadratmeter – mehr als viermal so viel wie heute im Jahresmittel in Köln. Infolgedessen entstanden unsere Ozeane – erste Anzeichen für einen Wasserkreislauf finden sich vor rund 3,2 Milliarden Jahren.

Gleichzeitig bombardierten die UV-Strahlen der Sonne verschiedene Moleküle und entrissen diesen nicht selten den leichten Wasserstoff. Ergebnis: Eine dritte Atmosphäre mit den Hauptbestandteilen Stickstoff und Kohlendioxid entstand. Das war lebenswichtig, denn damals strahlte die Sonne rund 30 Prozent schwächer als heute, und doch war die Erde wärmer – man spricht vom „Paradoxon der schwachen Sonne". Hier profitierte unser Planet erstmals vom natürlichen Treibhauseffekt, denn er hat den jungen, sich immer weiter abkühlenden Planeten davor geschützt, zu Eis zu erstarren. Die zu schwache Sonne allein hätte das damals nicht vermocht. Neben dem CO_2 half hier auch das Methan (CH_4), das von den ersten Lebensformen auf der Erde, den Archaeen, produziert wurde.

Sauerstoff spielte zunächst noch keine Rolle, doch dessen Produktion begann ebenfalls vor mehr als drei Milliarden Jahren durch das aufkeimende Leben. Cyanobakterien (Blaualgen) waren nämlich bereits in der Lage, Photosynthese zu betreiben und Sauerstoff zu erzeugen. Zuerst wurde er vom Eisen am Meeresgrund durch Oxidation zwar gleich wieder verbraucht, aber nach Hunderten von Millionen Jahren – man sieht, gut Ding will Weile haben – blieb etwas Sauerstoff übrig, der in Bläschen an die Ozeanoberfläche stieg und dann die Atmosphäre anreicherte. Nebenbei baute er eine schützende Schicht aus Ozon gegen die lebensbedrohliche kurzwellige Sonnenstrahlung auf, durch die sich Leben außerhalb des Wassers überhaupt erst entwickeln konnte. Unsere heutige vierte Atmosphäre mit ihren Bestandteilen war somit fertig. Übrigens ist das Gewicht dieser dünnen Gashaut gar nicht so gering, wiegt sie doch 5,14 Billiarden Tonnen oder auch 5 140 000 000 000 000 000 Kilogramm.

Die Anteile der verschiedenen Gase in dieser Atmosphäre variierten aber noch stark. Der Kohlendioxidgehalt etwa sank mit dem steigenden Sauerstoffgehalt ab und so ließ auch der frühe Treibhauseffekt nach. Die

Folge war das erste Eiszeitalter vor rund 2,4 bis 2,2 Milliarden Jahren. Doch an dieser Stelle unterbreche ich die Zeitreise kurz, um mich dem Kohlendioxid und dem Sauerstoff etwas genauer zu widmen.

Kohlendioxid und Sauerstoff in unserer Atmosphäre

Der CO_2-Gehalt in der Atmosphäre pendelte in vorindustrieller Zeit unter einigen Schwankungen um etwa 280 ppm (parts per million; das bedeutet, dass 280 von einer Million Luftmoleküle CO_2-Moleküle sind), hat sich durch den menschlichen Eintrag von derzeit etwa 30 Milliarden Tonnen pro Jahr aber deutlich auf etwa 380 ppm erhöht – das entspricht einem Molekülanteil von 0,038 Prozent. Dieser Anstieg von 280 auf 380 ppm scheint erheblich, aber wenn man sich in den letzten 500 Millionen Jahren Erdgeschichte umschaut, so findet man mehrmals Konzentrationen in der Atmosphäre von über 1000 ppm. Im zum Erdaltertum gehörenden Ordovizium waren es möglicherweise sogar mehr als 3000 ppm.

An dieser Stelle seien noch ein paar weitere interessante Zahlen genannt, um ein Gefühl für CO_2-Konzentrationen zu bekommen: Die Bedingungen für unsere Pflanzen sind bei rund 1000 ppm ideal, denn das CO_2 wirkt für diese wie Dünger. Die per Gesetz definierte maximale Arbeitsplatz-Konzentration für eine tägliche Exposition von 8 Stunden liegt bei 5000 ppm. Die Luft, die wir Menschen ausatmen, enthält 40 000 ppm, so dass jeder Mensch pro Jahr etwa 350 bis 500 Kilogramm CO_2 ausstößt. Bewusstlosigkeit und nach 30 bis 60 Minuten der Tod treten bei 80 000 ppm ein, also einem CO_2-Gehalt von 8 Prozent. [...]

Für Mensch und Tier sicher das wichtigste Gas in unserer Atmosphäre ist der Sauerstoff (O_2). Der Sauerstoffgehalt beträgt rund 21 Prozent, und alle heutigen Lebewesen sind auf diesen Wert geeicht. Bei weniger als 17 Prozent ersticken wir bereits, und bei knapp 13 Prozent brennt nicht mal mehr Papier. Ist der Sauerstoffanteil hingegen höher als 21 Prozent, so nimmt die „Brennfreude“ zu: Bei 25 Prozent ist eine Zigarette schon ein Flammenwerfer, und bei 30 bis 35 Prozent entzünden sich bei etwas Sonneneinstrahlung sogar Feuchtgebiete von selbst.

In der Atmosphäre sind die Gase bis in eine Höhe von rund 80 Kilometern übrigens vertikal durchmischt, und deshalb ist der Sauerstoffgehalt am Boden der gleiche wie auf einem hohen Berg – nämlich 21 Prozent. Da in der Höhe die Dichte der Luft jedoch insgesamt abnimmt, steht uns dort neben allem anderen auch weniger Sauerstoff zur Verfügung – mit dem Ergebnis, dass die meisten von uns die höchsten Berge der Erde nur mit Sauerstoffflaschen erklimmen können.

Zwischen 2,2 Milliarden und 750 Millionen Jahren vor heute, also bis hinein ins Neoproterozoikum, war es auf der Erde wieder wärmer. Doch vor etwa 750 Millionen Jahren, als ein Erdentag noch 21 Stunden dauerte, weil sich unser Planet schneller drehte als heute, dürfte einer 1964 von Brian Harland entwickelten Theorie zufolge die Phase der extremsten Klimasprünge auf der Erde überhaupt begonnen haben.

Auslöser war wohl die plattentektonische Aktivität, die das Zerfallen des Urkontinents Rodinia zur Folge hatte. Durch die exponierte Lage des Gesteins nahm die Verwitterung zu, und das führte wiederum dazu, dass mehr Kohlendioxid in Sedimenten gebunden wurde. Damit erlitt die Atmosphäre aber einen großen CO_2-Verlust, der Treibhauseffekt ließ nach und es wurde kälter.

Wenn sich nun viel Landmasse an den Polen befindet, führt ein Rückkopplungseffekt in der Atmosphäre – die Eis-Albedo-Rückkopplung, die im folgenden Abschnitt genauer erklärt wird – zu einer Verstärkung der Abkühlung. Die Mitteltemperaturen auf der Erde könnten so auf bis zu -50 Grad gefallen sein – man spricht deshalb von der „Schneeball-Erde", also dem kompletten Einfrieren des Planeten. Bis heute ist nicht ganz sicher, ob wirklich die ganze Erde einschließlich der Ozeane und Äquatorialgebiete zugefroren ist oder ob es sich „nur" um eine sehr starke Eiszeit handelte. Der kalte Zustand dürfte aber für etwa 10 Millionen Jahre angehalten und sich bis 580 Millionen Jahre vor heute wahrscheinlich zwei oder mehrmals wiederholt haben. Doch selbst im Fall einer Schneeball-Erde fror der Ozean durch die Wärme des Erdinneren nicht bis in die Tiefe zu. Deshalb konnten Mikroben, die ihre Energie aus chemischen Substanzen und nicht aus Sonnenlicht gewinnen, an heißen Quellen am Meeresboden überleben – eine Chance für den Lebensneubeginn nach dem Auftauen. Dieses Auftauen geschah schnell und so herrschte zwischen den Vereisungen extreme Hitze bis +50 Grad. Um diese Vorgänge zu erklären, wird zunächst ein genauerer Blick auf die Eis-Albedo-Rückkopplung geworfen.

Die Albedo und das zurückgeworfene Sonnenlicht

Der Begriff Albedo kommt aus dem Lateinischen und bedeutet „Weißheit". Gemeint ist die Fähigkeit der jeweiligen Oberfläche, das Sonnenlicht zu reflektieren. Weißer Schnee wirft 90 Prozent der Sonnenstrahlung zurück und hat folglich eine sehr hohe Albedo, die dunkle Meeresoberfläche hingegen eine sehr geringe. Landoberflächen weisen mittlere Werte auf. Die Bedeutung der Materialhelligkeit können Sie im Sommer auch bestens „erfühlen“, indem Sie die Hand bei Sonnenschein einmal auf ein weißes und dann auf ein schwarzes Auto legen. Im letzten Fall würde oft sogar das Braten eines Spiegeleis gelingen, während das Ei auf dem weißen Fahrzeug in seiner Konsistenz nur wenige Zeitgenossen erfreuen dürfte.

Weil helle Flächen für weniger Wärme sorgen, kann man etwa in der Sahara ziemlich froh darüber sein, dass man es mit hellem Sand zu tun hat. Wäre er nämlich so dunkel wie der Lavasand auf den Kanarischen Inseln oder auf Island, so wäre die größte Wüste der Erde ein noch viel extremerer Glutofen, als sie es ohnehin schon ist. Durch die hohe Albedo hat die Sahara – man mag es kaum glauben – im Jahresmittel übrigens eine negative Strahlungsbilanz: Sie kühlt den Planeten! Für keine andere so äquatornahe Region auf der Erde trifft das zu.

Kehren wir noch einmal zurück zum Neoproterozoikum. Was dort passierte war ja zunächst die Vereisung der Polarregion wegen des abnehmenden Treibhauseffektes durch den gesunkenen Kohlendioxidgehalt. Dadurch nahm die Albedo zu, weshalb es kälter und die vereiste Fläche größer wurde. Doch damit nahm die Albedo weiter zu und es wurde nochmals kälter, und so weiter. Dieser sogenannte positive Rückkopplungseffekt geriet am Ende außer Kontrolle – ein Prozess, der sich auch mit Computersimulationen nachvollziehen lässt.

Beim Auftauen passierte das gleiche, nur umgekehrt. Der Auslöser war das Fortdauern vulkanischer Aktivität, wodurch weiterhin Kohlendioxid in die Atmosphäre gelangte. Weil die Verwitterung in der Kälte gering war und es auch keine Niederschläge gab, wurde kaum Kohlendioxid gebunden. Es stand also der Atmosphäre zu Verfügung, so dass sich der Treibhauseffekt verstärkte. Das erste Eis taute, die Albedo nahm ab und die Erwärmung beschleunigte sich, bis aus der Erde die zuvor schon beschriebene „Sauna“ entstanden war.

Zeitreise, Teil III

Die unruhige Abfolge aus plattentektonischer Aktivität, Verwitterung und Abtragung während des Neoproterozoikums fand ein Ende, und mit ihr auch die extremen Klimaschwankungen. Als die Pflanzen vor rund 440 Millionen Jahren an Land „gingen“, nahm der Sauerstoffgehalt der Atmosphäre dramatisch zu, vor etwa 350 Millionen Jahren waren es dann Werte um die 30 Prozent. Weil dadurch die Atmung erleichtert wurde, entstanden riesige Insekten wie etwa Libellen mit einer Flügelspannweite von 70 Zentimetern. Doch vor 250 Millionen Jahren ging der Sauerstoffgehalt wieder rapide zurück und sank auf rund 12 bis 15 Prozent. Die genauen Gründe dafür sind bis heute ungeklärt. Eine Möglichkeit ist die Freisetzung von Methanhydraten. Für das damalige Leben war das eine Katastrophe, der in „nur" 10 000 bis 100 000 Jahren 95 Prozent der Meeres- und 70 Prozent der Landlebewesen zum Opfer fielen. Es war das größte der sogenannten „big five", der fünf großen Artensterben auf unserem Planeten, und markiert den Übergang vom Erdaltertum ins Erdmittelalter, dem Mesozoikum. Dies war die große Chance der Reptilien, die mit dem nun gesunkenen Sauerstoffgehalt besser zurechtkamen und nach dem Verschwinden der bisherigen dominanten Arten viele neue Formen entwickeln konnten. Das Dinosaurierzeitalter begann.

Vor 200 Millionen Jahren kam es zu einem weiteren Massenaussterben, diesmal werden gewaltige Magmafreisetzungen beim Auseinanderbrechen des Superkontinents Pangäa als Ursache vermutet. Kontinente haben aber nicht nur durch ihren Zerfall Auswirkungen auf die Biosphäre und das Klima, sondern auch durch ihre Lage zueinander. Denn die wirkt sich auf die Meeresströmungen und über den Energietransport auch auf die atmosphärische Zirkulation aus.

Das uns wohl bekannteste Artensterben fand vor 65 Millionen Jahren statt. Landtiere über 25 Kilogramm Gewicht starben praktisch alle aus; Säugetiere, Schlangen, Schildkröten und Krokodile hatten hingegen die besten Überlebenschancen. Das Ende der Dinosaurier ist wissenschaftlich umstritten. Ob es ein Meteoriteneinschlag (diese Ansicht wird meist favorisiert), der Ausbruch eines Supervulkans, kosmische Strahlung oder "einfach nur" ein Klimawandel war – die Umwälzungen waren erneut erheblich. Danach begann das Zeitalter, in dem wir uns heute noch befinden: das Känozoikum, die Erdneuzeit. Bevor es mit der Zeitreise weitergeht, folgt aber erst noch ein kurzer Exkurs zu unseren fossilen Energieträgern.

Erdöl und Erdgas – die endlichen Energieträger

In der Zeit zwischen 542 und 65 Millionen Jahren vor heute, also im Erdaltertum und im Erdmittelalter, lag der Kohlendioxidgehalt meist deutlich höher als heute. Damit war es abgesehen von kurzen Kaltphasen auch viel wärmer. Die Folge war ein in vielen Phasen gigantisches Pflanzenwachstum an Land und gleichzeitig das Auftreten neuer Kleinstorganismen (Phytoplankton) im Ozean – der Meeresspiegel dürfte übrigens mehr als 100 Meter höher gelegen haben als heute.

Solange eine Pflanze lebt, wandelt sie durch Photosynthese Kohlendioxid in Sauerstoff um, doch wenn sie stirbt und dann verwest, wird wieder Kohlenstoff freigesetzt. Sind nun viele Pflanzen an Land und Kleinstorganismen im Wasser vorhanden, so hat man es natürlich auch mit einer Unmenge abgestorbener Biomasse zu tun.

Versank diese in Sümpfen oder landete am Meeresboden, so wurde sie nicht selten von Sedimenten bedeckt. Kam es zum Luftabschluss, so fehlte der Sauerstoff, der sie hätte verfaulen lassen. Der Druck und mit ihm die Temperatur stiegen nun mehr und mehr an. Unter diesen Bedingungen konnte bei etwa 60 bis 120 Grad Erdöl und bei 140 bis 180 Grad Erdgas, dessen Hauptbestandteil Methan ist, entstehen. Sowohl Erdöl als auch Erdgas bestehen damit vorwiegend aus Kohlenstoff und Wasserstoff. Dies ist die sogenannte biogenetische oder biotische Theorie der Entstehung. Der Vollständigkeit halber sei noch auf die abiogenetische oder abiotische Theorie von Dimitrij Mendelejew hingewiesen. Sie besagt, dass Erdöl nicht das Ergebnis der oben beschriebenen Umwandlung ist, sondern es in den Tiefen des Erdinnern immer neu geformt und nach oben gedrückt wird. Sollte diese Theorie richtig sein, wäre Erdöl natürlich kein endlicher Rohstoff. Diese Ansicht wird nur von wenigen Wissenschaftlern vertreten.

Der Kohlenstoff, der vor Jahrmillionen aus der Erdatmosphäre entfernt wurde, wird nun also durch die Verbrennung der fossilen Energieträger Öl und Gas mit hoher Geschwindigkeit wieder in die Luft transportiert. Die Menge entstehen zu lassen, die wir heute in einem Jahr verbrauchen, dauerte übrigens eine Million Jahre. Das ist nicht verwunderlich, benötigte die Menschheit doch im Jahr 2008 an einem einzigen Tag 87 Millionen Barrel Öl (1 Barrel = 159 Liter, 87 Millionen Barrel = 13,8 Milliarden Liter). Noch mal: an einem einzigen Tag! So sieht man, dass der Bedarf die Produktion massiv übersteigt, wodurch unsere fossilen Energieträger natürlich in absehbarer Zeit verbraucht sein werden. Bisher hat die Menschheit der Erde übrigens 143 Billionen Liter Öl entlockt, der Peak Oil, also das Ölfördermaximum, ist damit wohl erreicht. Bei zunehmender Nachfrage und abnehmender Menge wird der Preis mittel- und langfristig ganz sicher steigen. Große Preisausschläge nach oben wie im ersten Halbjahr 2008 sind der Spekulation an der Börse gezollt. Solche nach unten, wie im zweiten Halbjahr 2008 der weltweiten Rezession und der damit verbundenen abnehmenden Nachfrage, werden ebenfalls verstärkt durch die Aktivitäten an der Börse.

Und unsere Zeit? Es wird Sie vor allem vor dem Hintergrund der globalen Erwärmung möglicherweise überraschen – aber wir leben in einer Eiszeit! Eiszeiten sind geologisch dadurch definiert, dass an den Polen und in den Hochgebirgen dauerhaft Eis zu finden ist. In 95 Prozent der Erdgeschichte war das übrigens nicht der Fall.

Besonders wichtig für diese Entwicklung war die isolierte Lage der Antarktis. Diese trennte sich vor rund 30 Millionen Jahren von Australien und wanderte zum Südpol. Umgeben von einer kalten Meeresströmung, die wärmerem Wasser keinen Zugang mehr verschaffte, und wegen der schwachen Sonneneinstrahlung am Südpol vereiste der Kontinent. In der Epoche des Pleistozäns, die vor etwa 2 Millionen Jahren begann und in der sich auch der heutige Mensch entwickelte, lagen nicht nur die Antarktis, sondern auch weite Gebiete der Nordpolarregion unter dem Eis. Doch auch dieser Zeitraum unterliegt steten Schwankungen, und zwar bis heute. Deshalb erfolgt eine Einteilung in Kalt- und Warmzeiten – seit Beginn des Pleistozäns sind es zwanzig. Momentan befinden wir uns in einer Warmzeit, dem Holozän.

Davor gab es die Würm-Kaltzeit (in Nordeuropa und bis in den Norden Deutschlands Weichsel-Kaltzeit genannt), die wir im Sprachgebrauch allgemein als die letzte Eiszeit bezeichnen und deren Höhepunkt vor etwa 20 000 Jahren stattfand. Der Norden Europas war damals unter einem mehrere Kilometer dicken Eispanzer begraben, der bis in die norddeutsche Tiefebene reichte. Da viel Wasser im Eis gebunden war, lag der Meeresspiegel circa 130 Meter tiefer als heute, wodurch die Britischen Inseln mit dem Festland verbunden waren. Die Mitteltemperaturen lagen wohl 4 bis 6 Grad unter den heutigen. Die Vegetation bei uns war wegen der Kälte zwar nicht so üppig, aber dennoch nicht mit der heutigen Tundra am Polarkreis zu vergleichen. Denn durch die im Verhältnis zur Tundra südlichere Lage ist die Sonneneinstrahlung hier viel stärker, und so herrschten im Sommer oft Tagestemperaturen von rund 20 Grad. Dazu war es trocken und oft sonnig, und durch das vorhandene Schmelzwasser konnten Pflanzen und Tiere ausreichend versorgt werden. Interessant ist noch die Periodizität der Kalt- und Warmzeiten, die bei etwa 100 000 Jahren liegt, davon fallen im Mittel 90 000 Jahre auf eine Kalt- und 10 000 Jahre auf eine Warmzeit. Gut, dass wir in einer Warmzeit der Eiszeit leben, wird so mancher nun wohl zu Recht sagen.

Für den Wechsel zwischen Kalt- und Warmzeiten sind mit hoher Wahrscheinlichkeit die sogenannten Milanković-Zyklen verantwortlich. Diese nach dem serbischen Astrophysiker Milutin Milanković (1879–1958) benannten Zyklen beschreiben Schwankungen bei der Intensität der Sonnenenergie, die auf der Erde ankommt. Sie gehen auf die drei Faktoren Exzentrizität, Obliquität und Präzession zurück.

Die Exzentrizität beschreibt eine Periode von 100 000 Jahren, in der die Erdbahn von einer ungefähr kreisförmigen Bahn in eine leicht elliptische Form übergeht – eine Exzentrizitätsänderung von rund 5 Prozent, die die Solarkonstante um etwa 0,7 W/m^2 verändert. Dieser Beitrag reicht zwar nicht aus, um die Dominanz dieser Periode in paläoklimatologischen Rekonstruktionen zu erklären, sie dürfte aber der Auslöser für Rückkopplungsprozesse im Klimasystem sein. Um solche wird es an späterer Stelle noch ausführlich gehen.

Die Obliquität meint die Schrägstellung unserer Erdachse. Derzeit ist sie 23,5 Grad geneigt, mit einem Zyklus von 41 000 Jahren pendelt die Neigung jedoch zwischen 21,5 und 24,5 Grad. Die absolute Sonneneinstrahlung wird dadurch zwar nicht geändert, dafür aber die Verteilung der Energie. Ist die Erdachse schwach geneigt, sind die Winter an den Polen wärmer, weil die Sonne höher steht. Da es aber beim Dauerfrost bleibt, kann nun mehr Schnee fallen. Die Sommer aber fallen wegen des flacheren Sonnenstands kühler aus. Entsprechend taut weniger Schnee ab und die Eisschicht wächst.

Kommt jetzt noch dazu, dass die größte Sonnenferne gerade im Nordsommer zu finden ist, dann trifft noch weniger Energie durch die Sonne ein, es ist also noch etwas kälter und der Schnee kann sich noch besser halten. Dies hängt mit der Präzession zusammen: Im Moment befindet sich die Erde im Nordwinter am sonnennächsten Punkt, dem Perihel; in circa 11 500 Jahren wird der Perihel im Nordsommer liegen. Auch die Präzession ändert nicht die Gesamtmenge an Sonnenenergie, aber deren Verteilung.

Die Erklärung der Eiszeiten mit den Milanković-Zyklen wirkt zwar auf den ersten Blick sehr klar und eindeutig, berechnet man aber aus den Bahnparametern die eingestrahlte Energie, so sieht man, dass die Zyklen mit den Eisvolumina weniger gut korrespondieren als erwartet. Vor allem das schnelle Auftauen des Eises, wenn der Prozess der Erwärmung einmal in Gang gesetzt ist, passt nicht so richtig zu den Erdbahnparametern, die sich grundsätzlich nur langsam ändern. Hier ist, wie schon zum Ende der „Schneeball-Erde“, wieder die Albedo von Bedeutung. Solange das Eis nur in der Dicke variiert, ändert sie sich nämlich kaum, sobald es aber verschwunden ist, nimmt sie schlagartig ab – und die Erwärmung wird beschleunigt. Einen ähnlichen Effekt könnte auch die Höhe der „Eisgebirge" haben. Denn es gilt: je höher, desto kälter und desto mehr orographischer, also durch Hindernisse erzwungener Niederschlag (in diesem Fall Schnee). Und umgekehrt. Die Lage der Kontinente und die davon abhängigen atmosphärischen und ozeanischen Strömungen sorgen schließlich ebenfalls dafür, dass die Milanković-Zyklen nicht der ausschließliche Grund für den Wechsel von Kalt- und Warmzeiten sind, sondern eine Art Startsignal.

Abrupte Klimaschwankungen gab es doch schon immer...

Als vor rund 13 000 Jahren die Würm-Eiszeit zu Ende ging, herrschten in Europa bei rascher Erwärmung in der Allerödzeit paradiesische Bedingungen für Mensch und Tier: Man siedelte sich fest an, fand aber genug Wild zum Jagen und Wildgetreide zum Ernten. Ackerbau zu betreiben war nicht notwendig.

Aber schon vor 12 000 Jahren (um 10 000 vor Christus) bäumte sich die Eiszeit noch einmal auf. In Grönland gingen die Temperaturen um 15 Grad, in Teilen Europas um 5 bis 10 Grad zurück. Dieser Zeitraum wird Jüngere Dryaszeit genannt – nach dem Silberwurz (Dryas), der typischen Pflanze der Tundra. Das Ereignis hat aller Wahrscheinlichkeit nach mit Veränderungen der Meeresströmungen zu tun. Der Nordatlantikstrom, der nördliche Ausläufer des Golfstroms, brach durch den massenhaften Zufluss von Süßwasser in den Atlantik zusammen. Der nordamerikanische Kontinent war zuvor durch die Eislast in die Tiefe gedrückt worden, und es entstand beim Abtauen ein riesiger Gletschersee, der Agassizsee. Dessen Wasser floss zunächst nur über das Mississippi-Tal nach Süden. Mit Verschwinden der Eisberge östlich des Gletschersees konnte es sich aber nun ungestört in den Atlantik ergießen. Die Folge war eine starke Abkühlung Grönlands und unserer Region durch das Ausbleiben der „Fernheizung" Nordatlantikstrom. Durch Computersimulationen lässt sich auch das jüngere Dryas-Ereignis gut nachrechnen.

Dieser abrupte Klimawandel war der bisher letzte seiner Art. Im jetzigen Interglazial, dem Holozän, geht es deutlich ruhiger zu. Während der Würm-Eiszeit war das jedoch anders, denn mit einer Periode von knapp 1500 Jahren traten auf der Nordhalbkugel krasse und sehr schnelle Klimawechsel auf. Eisbohrkerne belegen, dass die Mitteltemperatur zu Beginn einer solchen Klimaschwankung bei Grönland um bis zu 10 Grad in wenigen Jahrzehnten steigen konnte. Danach sank sie binnen Jahrhunderten wieder auf die sehr kalten Verhältnisse ab. Wahrscheinlich hängen diese Vorgänge mit sprunghaften Veränderungen der ozeanischen Zirkulation zusammen, deren Auslöser Schwankungen in der Sonnenintensität sein könnten. Computersimulationen deuten darauf hin, dass hier ein minimaler Auslöser ausreicht, wenn die Stabilität des Strömungsmusters – wie in der letzten Kaltzeit – auf der Kippe steht. Auf der Südhalbkugel waren diese nach ihren Entdeckern benannten Dansgaard-Oeschger-Ereignisse übrigens deutlicher schwächer ausgeprägt. Zuweilen kamen auch besonders kalte Phasen vor, die sogenannten Heinrich-Ereignisse: Das Eisschelf der Nordhalbkugel zerfiel, so dass viele Eisberge auf den Nordatlantik trieben, und deren Süßwasser unterbrach die thermohaline Zirkulation – den Motor der Ozeanströmungen. Das jüngere Dryas-Ereignis könnte ein solches Heinrich-Ereignis gewesen sein.

Im Holozän kam es ebenfalls zu einem abrupten, aber lokalen Klimawandel: Die Sahara wurde nämlich vor rund 5 500 Jahren innerhalb weniger Jahrhunderte von einer besiedelten Savanne mit ausgedehnten Wasserflächen zu einer Wüste. Auch diese Verwandlung kann wieder recht gut mit Computern simuliert werden. Deutlich wird dabei die Bedeutung des Milanković-Zyklus, der sich unmittelbar auf die Monsune auswirkt, also auf die Intensität und räumliche Ausdehnung der jahreszeitlich wiederkehrenden Regenfälle. Die Abschwächung dieser Regenfälle hat die Sahara austrocknen lassen.

Vielfach werden solche abrupten Klimaveränderungen von Kritikern der durch den Menschen mitverursachten globalen Erwärmung als Beweis dafür herangezogen, dass es immer schon heftige und schnelle Klimawandel gegeben hat und dass der derzeitige Vorgang somit „nichts Ungewöhnliches“ ist. Ihn gegebenenfalls zu relativieren, erscheint nach unserer bisherigen Klimareise sicherlich sinnvoll, doch seine Bedeutung kann mit diesem Argument nicht negiert werden. Hier ist Vorsicht geboten: Das *globale* Mittel zum Beispiel der Temperatur muss sich durch *lokale* Umverteilungen keineswegs verändern. Die Datensätze von Grönland liefern Aussagen für Grönland, aber nur bedingt oder gar nicht für den ganzen Globus – ähnlich wie auch das Austrocknen der Sahara ein Prozess ist, der dort erhebliche, in anderen Regionen der Welt aber möglicherweise gar keine Auswirkungen hat.

Die lokalen Ausformungen von Klimaänderungen werden folglich immer stärker sein können als die globalen und bringen für sich betrachtet wenig Aufschluss über die Wirkung einer vom Menschen verursachten Änderung der Treibhausgaskonzentration oder über externe Antriebe wie die Änderung der Sonnenaktivität.

Wasser im globalen Lebenserhaltungssystem der Erde

Wolfram Mauser ist Professor für Geographie und geographische Fernerkundung an der Ludwig-Maximilians-Universität München.

Die Menschheit lebt auf dem Blauen Planeten. Die Ozeane lassen die Erde vor dem Hintergrund des schwarzen Weltraums blau erscheinen. Kein anderer uns bekannter Planet trägt Wasser in einer solchen Fülle. Während auf dem Mars gefrorene Wasservorkommen in Spuren nachgewiesen werden konnten und es gute Gründe gibt anzunehmen, dass in früheren Zeiten dort Flüsse und Seen existierten, bedeckt es auf der Erde 70 % der Oberfläche in flüssiger Form und 5 % der Oberfläche in Form von Eis. Es ist auf der Erde in allen drei Aggregatzuständen vorzufinden. Es ist die große Menge und große Vielfalt der Wasservorkommen, die die Erde von allen anderen bekannten Himmelskörpern unterscheidet.

Wasser auf der Erde ist stets in Bewegung. Es unterliegt einem Kreislauf, der angetrieben durch Sonnenenergie und die daraus folgende Verdunstung von Wasser zu Kondensation und Niederschlag sowie Abfluss in Flüssen und Grundwasser führt. Im Verhältnis zum gesamten Wasser auf der Erde nimmt nur ein verschwindend kleiner Teil von 0,1 % an dem für den Menschen relevanten kurzfristigen Wasserkreislauf teil. Die überwiegende Wassermenge liegt in den großen Ozeanbecken, Eiskörpern und Grundwasseraquiferen und bewegt sich nur in Zeitskalen von mehreren tausend Jahren und mehr. Durch den kurzfristigen Wasserkreislauf wird das Wasser auf der Erde verteilt und damit auch der Natur und dem Menschen verfügbar gemacht. Abb. 1 zeigt den kurzfristigen Wasserkreislauf der Erde mit seinen vielfältigen Transportpfaden.

Auffallend ist, dass Wasser in allen Teilbereichen der natürlichen Umwelt vorhanden ist und sich durch alle Komponenten des Erdsystems bewegt. Es bewegt sich in Form von Wasserdampf in der Atmosphäre, wird als Niederschlag vom Boden aufgenommen, bewegt sich durch den Boden ins Grundwasser, wird von den Wurzeln der Pflanzen aufgenommen, bewegt sich durch die Pflanzen, wird von ihnen in Form von Wasserdampf an die Atmosphäre wieder abgegeben und bewegt sich mit dem Wind durch die Atmosphäre bis es zu Wolkenbildung durch Kondensa-

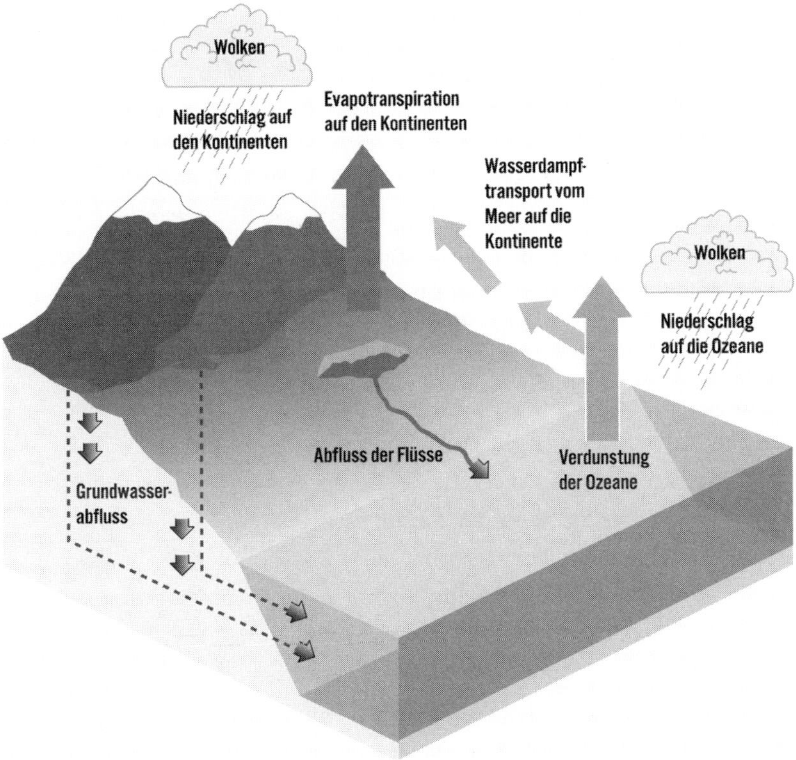

1 Der Wasserkreislauf der Erde und seine Komponenten: 1: Verdunstung der Ozeane (450 000 km^3/a), 2: Niederschlag auf die Ozeane (410 000 km^3/a), 3: Wasserdampftransport vom Meer auf die Kontinente (40 000 km^3/a), 4: Evapotranspiration auf den Kontinenten (70 000 km^3/a), 5: Niederschlag auf den Kontinenten (110 000 km^3/a), 6: Abfluss der Flüsse (28 000 km^3/a), 7: Grundwasserabfluss (12 000 km^3/a), (nach Shiklomanov, 1997).

tion von Wasserdampf und schließlich zu neuem Niederschlag kommt und damit der Wasserkreislauf geschlossen wird.

Auf dem beschriebenen Weg durch die Landoberfläche transportiert Wasser chemische Substanzen, die entweder den Pflanzen als Nährstoffe dienen oder die als Abfallstoffe beseitigt werden müssen. Wasser fungiert damit wie keine andere Substanz auf der Erde als Bindeglied und Mittler zwischen verschiedenen Teilen des Erdsystems.

Wasser – ein merkwürdiger Stoff

Welche Eigenschaften verleihen Wasser diese zentrale Mittlerrolle? Es wird sich im Weiteren zeigen, dass Wasser im Vergleich zu anderen in der Natur vorkommenden Stoffen eine Reihe außergewöhnlicher Eigenschaften vereint, die seine Sonderstellung auf der Erde rechtfertigen und erklären.

Von allen auf der Erde häufig vorkommenden Molekülen gehört Wasser zu den leichtesten. Es ist auch einfach aufgebaut, indem es nur aus drei Atomen besteht, einem Wasserstoffatom und zwei Sauerstoffatomen, die in einem Winkel von 104,5 Grad zueinander stehen.

Dieses an sich einfach aufgebaute Molekül verfügt über einige bemerkenswerte Eigenschaften, die alle daraus resultieren, dass ein großes Sauerstoffatom mit zwei sehr kleinen Wasserstoffatomen, den kleinsten Atomen, die es gibt, eine Verbindung eingeht. Der dominierende Partner ist dabei der Sauerstoff. Er zieht die Elektronen der Wasserstoffatome zu sich. Diese Anhäufung von Ladungen am Sauerstoffatom führt zu einer ungewöhnlich starken Polarität des Moleküls. Somit entsteht ein deutlich ausgebildeter positiver Pol und ein negativer Pol. Die Stärke der Polarität eines Moleküls drückt sich in der relativen Dielektrizitätszahl aus. Wasser besitzt von allen natürlichen Substanzen die größte Dielektrizitätszahl. Diese ist zusammen mit den sehr handlichen Ausmaßen des Wassermoleküls die Ursache dafür, dass Wasser das beste bekannte natürliche Lösungsmittel ist. Tabelle 1 gibt Aufschluss über die Sonderstellung der relativen Dielektrizitätszahl von Wasser. Sie ist demnach 40-mal größer als die vergleichbarer Stoffe in der Natur.

Die außergewöhnliche Polarität des Wassermoleküls bewirkt, dass Wassermoleküle sich gegenseitig anziehen und Wasserstoffbrücken bilden, wie in Abb. 2 schematisch dargestellt ist.

Dies wiederum führt zu einem außergewöhnlich hohen Schmelz- und Siedepunkt von Wasser im Vergleich mit seinen direkten Verwandten im Periodensystem, den Atomen Schwefel, Selen und Tellur, die ähnliche Moleküle bilden können. In Tab. 2 ist zu sehen, dass Wasser, wenn man es mit seinen Verwandten vergleicht, eigentlich einen Schmelzpunkt von –93 °C und einen Siedepunkt von –72 °C haben müsste, was auf der Erde dazu führen würde, dass Wasser ausschließlich als Wasserdampf existieren würde. Stattdessen hat es aufgrund der gegenseitigen Anziehung der Wassermoleküle den bekannten Schmelzpunkt von 0 °C bei einem Siedepunkt von 100 °C. Man sieht deutlich, dass es, obwohl im Vergleich zu seinen Verwandten bedeutend leichter, erst bei viel höheren Temperaturen schmilzt und siedet. Die Wasserstoffbrücken bewirken eine weitere, für das Erdsystem wichtige physikalische Eigenschaft des Wassers: seine extrem hohe Wärmekapazität, Schmelzwärme und Verdunstungswärme. Bei der Erwärmung, beim Schmelzen bzw. beim Verdampfen werden grö-

Tab. 1 Relative Dielektrizitätszahlen von Wasser im Vergleich zu anderen Substanzen in der Natur.

Substanz	**Relative Dielektrizitätszahl**
Wasser	81
Alkohol	5
Boden	2–3
Vakuum	1

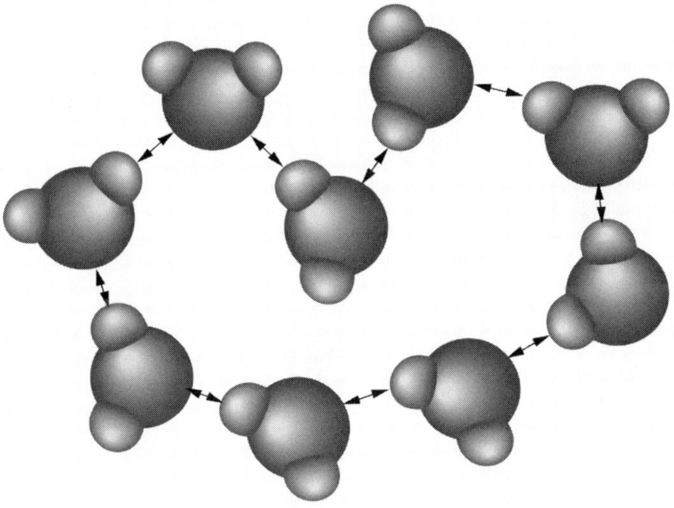

2 Wassermoleküle binden sich aneinander, indem sie Wasserstoffbrücken bilden.

ßere Mengen Energie benötigt und damit im Wassermolekül gespeichert, wie bei allen vergleichbaren bekannten natürlichen Substanzen. Diese exzellenten Eigenschaften als Wärmespeicher spielen nicht nur in der Natur eine wesentliche Rolle, sie werden auch vom Menschen bei der Kühlung von Maschinen ausgenutzt. Das Schmelzen von Eis benötigt 340 J/g, das Verdampfen von Wasser 2450 J/g. Diese Wärmemengen sind im Wasser gespeichert und können durch Kondensation bzw. Frieren wieder freigesetzt werden.

Alle diese außergewöhnlichen Eigenschaften des Wassers zusammen bekommen allerdings erst Bedeutung, wenn man die Stellung der Erde innerhalb des Planetensystems betrachtet, wie dies in Abb. 3 geschieht. Hier ist das Phasendiagramm von Wasser gezeigt, wobei einige Planeten des Sonnensystems eingetragen sind. Wenn man Temperatur und Druck gegeneinander aufträgt, so ist in jedem Punkt Wasser entweder fest, flüssig oder gasförmig. Auf keinem Planeten des Sonnensystems außer auf der Erde kommt demnach Wasser in flüssiger Form vor. Dies liegt entweder am herrschenden Atmosphärendruck oder an der Temperatur oder an

Molekül	Molekülgewicht	Schmelzpunkt	Siedepunkt
	[mol]	[°C]	[°C]
H2O	18	0	100
H2S	34	-82	-61
H2Se	80	-64	-42
H2Te	129	-51	-4

Tab. 2 Vergleich der Schmelz- und Siedepunkte von Wasser mit denen ähnlicher Moleküle in der Natur.

beidem. Die Venusatmosphäre ist zu heiß und zu dicht für Regen, die übrigen Planeten sind zu kalt.

Warum ist Wasser in flüssiger Form ein so entscheidender Faktor für das Verständnis der Sonderrolle, die die Erde im Planetensystem einnimmt?

Die dargelegten, komplexen Eigenschaften von Wasser zusammen mit dem gleichzeitigen Vorkommen flüssigen Wassers passen ideal zu den Ansprüchen, die eine kohlenstoffbasierte Lebenswelt stellt. Es ist deshalb nicht erstaunlich, dass alle Lebewesen vorwiegend aus flüssigem Wasser bestehen. Die dreidimensionale Struktur der biologischen Makromoleküle, die u.a. die Grundlage für die Speicherung der Erbinformation bilden, ist erst durch die Bildung der Wasserstoffbrücken, einer Eigenart der Wassermoleküle, und damit in wässrigem Milieu möglich. Die umgebenden Wassermoleküle der wässrigen Lösung sorgen dafür, dass die Makromoleküle des Lebens sowohl Halt als auch Flexibilität finden.

Das Leben auf der Erde ist aber nicht alleine wegen seiner ungewöhnlichen Eigenschaften auf das engste mit dem Wasser verzahnt. Eine weitere, sehr eigenwillige Eigenschaft des Wassers hat dem Leben in seiner Entwicklung entscheidend geholfen. Es handelt sich dabei um die Dichteanomalie von Wasser, das seine größte Dichte bei 3,96 °C erreicht. Im Gegensatz zu allen anderen bekannten Stoffen, die sich bei Abkühlung zusammenziehen, dehnt sich Wasser unterhalb dieser Temperatur wieder aus und wird damit spezifisch leichter. Damit ist gewährleistet, dass ste-

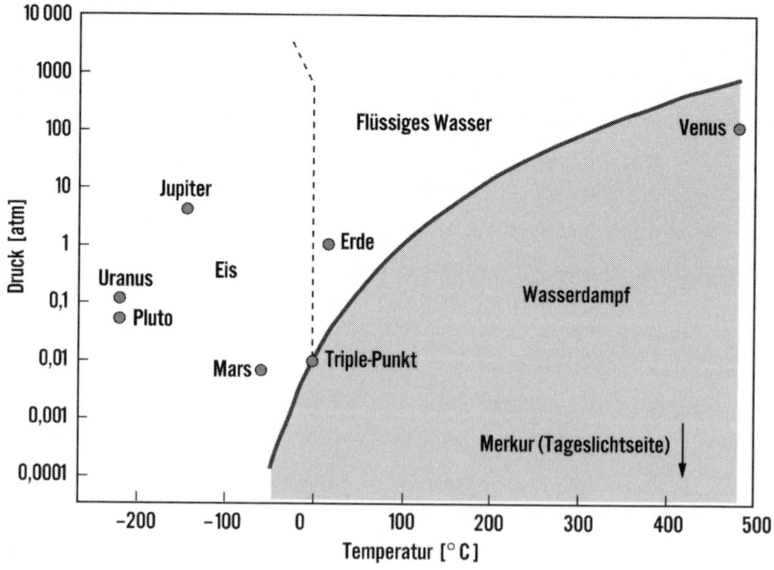

3 Phasendiagramm von Wasser mit der Stellung der jeweiligen Planeten. Nur auf der Erde kann flüssiges Wasser demnach existieren.

hende Gewässer von oben und nicht von unten zufrieren, da sich Wasser mit einer Temperatur von 3,96 °C am Seeboden ansammelt. Für das Leben in Seen ist dies ein entscheidender Vorteil.

Warum sind Leben und Wasser eine unauflösliche Einheit?

Der Wasserkreislauf ist die Grundvoraussetzung für alles Leben auf der Erde. Er ist aber auch Teil einer größeren „Maschine", des Erdsystems. Das Erdsystem besteht aus allen miteinander wechselwirkenden Prozessen und Kreisläufen auf der Erde. Mit dem Wasserkreislauf aufs engste verbunden sind vor allem die Kreisläufe von Kohlenstoff, Stickstoff, Phosphor und Schwefel. Sie alle sind an allen Lebensprozessen, den wohl außergewöhnlichsten Eigenschaften der Erde, beteiligt.

Die Funktionsfähigkeit des Erdsystems und seiner gekoppelten Kreisläufe war Grundlage für das Entstehen von Leben und ist Voraussetzung für seine Erhaltung. Die funktionierenden Kreisläufe auf der Erde bilden damit das Lebenserhaltungssystem der Erde. Das Lebenserhaltungssystem der Erde sorgt für Klimatisierung, indem die Temperatur der Erde in für das Leben akzeptablen Grenzen gehalten wird, es stellt die Wasserversorgung über die Niederschläge sicher, es bewirkt, dass Pflanzen mit CO_2, Wasser und Nährstoffen versorgt werden, dass Tiere mit Sauerstoff, Wasser und Proteinen versorgt werden, dass geologische und biologische Prozesse Gesteine aufbereiten und damit Nährstoffe freisetzen, dass Bakterien Stoffwechselabfälle abbauen und damit das Wasser reinigen, dass laufend eine Ozonschicht aufgebaut wird, die vor zu viel ultravioletter Strahlung schützt und nicht zuletzt, dass sich die Lebewesen ständig durch Mutationen an die wandelnden Lebensbedingungen anpassen und so die notwendige Vielfalt hervorbringen. Diese sorgt dafür, dass es in der unvorstellbar langen Zeitspanne der letzten 2,7 Milliarden Jahre keinen Zeitpunkt ohne Leben auf der Erde gegeben hat. Die Funktionsfähigkeit des Lebenserhaltungssystems der Erde ist damit das höchste und wertvollste Gut, das es unter allen Umständen zu erhalten gilt. Durch welche Funktionsmechanismen ist das Lebenserhaltungssystem der Erde gekennzeichnet?

Das dritte Gleichgewicht

Das Vorkommen von Wasser auf der Erde in flüssiger Form und damit die Entstehung eines Wasserkreislaufs ist kein Zufall. Vielmehr hat die

Forschung der letzten Jahre gezeigt, dass es Ausdruck eines dynamischen Gleichgewichts ist, das sich im Laufe der Evolution des Lebens auf der Erde eingestellt hat und das ursächlich erst durch die Wechselwirkung des Lebens mit den nicht-belebten Prozessen auf der Erde geschaffen wurde.

Unter der Annahme, dass kein Leben auf der Erde existiert, kann man zeigen (Gorshkov, 2000), dass für die Erde ausschließlich zwei energetisch stabile Zustände existieren, die sich allerdings auf sehr unterschiedlichen Temperaturniveaus befinden. Sie sind in Abb. 4 durch die beiden Minima 1 und 3 der Lyapunov-Kurve gekennzeichnet. Die Lyapunov-Kurve gibt Auskunft über den durchschnittlichen Energieinhalt eines Quadratmeters der Erdoberfläche in Abhängigkeit von ihrer Oberflächentemperatur. Ein Gleichgewichtszustand, der nur durch zusätzliche externe Energiezufuhr zu verändern ist, ist durch ein Minimum in der Lyapunov-Kurve gekennzeichnet. Durch kleinere äußere Veränderungen nicht aus dem Gleichgewicht zu bringen und damit in einem physikalisch stabilen Zustand ist eine leblose Erde zum einen bei fast völliger Eisbedeckung und einer Temperatur von −90 °C (Minimum 1 in Abb. 4) und zum anderen bei völligem Verdampfen allen Wassers und einer Temperatur von +310 °C (Minimum 3 in Abb. 4).

Im ersten Fall stellt sich das Gleichgewicht so ein, dass alle Treibhausgase, allen voran CO_2 und Wasserdampf, aus der Atmosphäre ausgefroren sind und dass die weißen Eisoberflächen, die weite Teile der Erde bedecken, die auftreffende Sonnenenergie fast völlig reflektieren. Die fehlenden Treibhausgase und die fehlende absorbierte Sonnenstrahlung führen

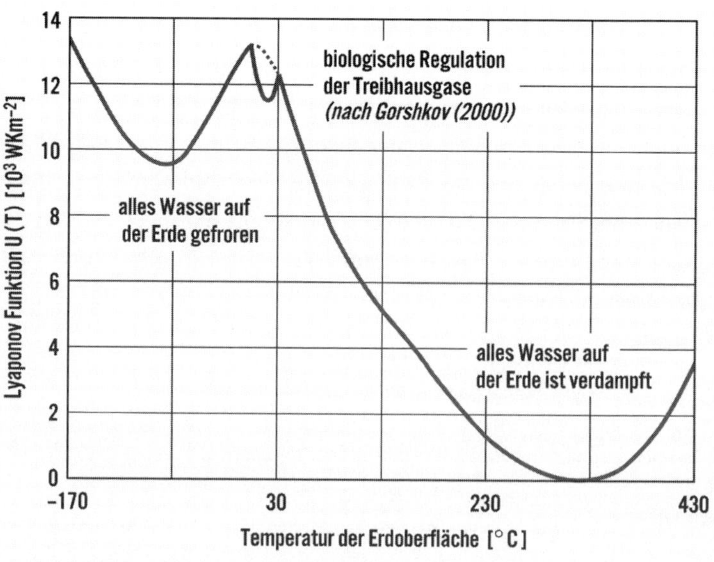

4 Die drei Gleichgewichtszustände der Erde und ihre entsprechenden Oberflächentemperaturen (nach Gorshkov, 2000).

zu einer starken Abkühlung der Erde. Dieser Zustand ist insofern stabil, als dass eine leichte Erwärmung (z. B. durch eine Annäherung der Erde an die Sonne im Verlauf ihrer Bahn) zu erhöhter Temperaturstrahlung führt. Diese kann wegen der fehlenden Treibhausgase ungehindert in den Weltraum strahlen, die Erde kühlt sich damit wieder ab. Im Fall der fehlenden Treibhausgase sorgt nur die Sonne dafür, dass die Erde nicht auf die Temperatur des absoluten Nullpunktes bei –273 °C abkühlt.

Der zweite physikalische Gleichgewichtszustand der Erde ist durch die größtmögliche Wirkung der Treibhausgase Wasserdampf und CO_2 gekennzeichnet. Wasserdampf ist wie CO_2 ein starkes Treibhausgas. Der größtmögliche Treibhauseffekt kann auf der Erde dadurch erreicht werden, dass sämtliches Wasser nur in Form von Wasserdampf in der Atmosphäre vorkommt und damit als Treibhausgas wirken kann. Das aus dem Erdinneren über Vulkane freigesetzte CO_2 reichert sich in der Erdatmosphäre ebenfalls allmählich an, da es auf einer leblosen Erde keinen Abbauprozess für CO_2 gibt. Dies führt zu einer weiteren Verstärkung des Treibhauseffekts. Der starke Treibhauseffekt, hervorgerufen durch hohe Konzentrationen von Wasserdampf und CO_2 in der Atmosphäre, führt zu einem stabilen Gleichgewicht bei einer Erdoberflächentemperatur von ca. 310 °C.

Beide Zustände des Erdsystems zeichnen sich dadurch aus, dass weder ein Wasserkreislauf noch ein Kohlenstoffkreislauf existiert. Beide Zustände wurden von der Erde nicht verwirklicht! Warum?

Das Leben hat einen dritten Zustand auf einem anderen, ihm geeigneten Temperaturniveau verwirklicht, der rein physikalisch ohne seinen Einfluss auf die Kreisläufe im Erdsystem nicht zu erklären ist. Da dieser Zustand ohne Leben nicht möglich ist, liegt der Schluss nahe, dass das Leben selbst sich durch seine zusätzlichen biologischen Regelmechanismen diesen dritten stabilen Zustand der Erde bei einer Temperatur zwischen 5 °C und 25 °C geschaffen hat. Er hat sich allmählich dadurch eingestellt, dass die einsetzende Fotosynthese zu Beginn des Lebens in massivem Umfang CO_2 aus der Atmosphäre entfernt hat, um daraus Biomasse und Kalksteine zu erzeugen. Dies hat den Treibhauseffekt reduziert und die Temperaturen sinken lassen. Ein großer Teil des CO_2 aus der Uratmosphäre wurde durch die damaligen Lebewesen in ihre Schalen und Skelette eingearbeitet und beim Absterben in den Steinen der Kalkgebirge als Kalziumkarbonat ($CaCO_3$) gespeichert. Das dynamische Gleichgewicht, das sich durch diesen massiven Umbau der Atmosphäre ergeben hat, ist dadurch gekennzeichnet, dass durch die allmähliche Abkühlung der Erde auf Temperaturen unterhalb von 100 °C nun Wasser hauptsächlich in flüssiger Form vorkommt, und nicht wie in den beiden rein physikalisch bedingten Gleichgewichtszuständen nur im festen bzw. nur im gasförmigen Aggregatzustand. Für den Treibhauseffekt, der die Erde immer noch aufheizt, indem er die Abstrahlung von Wärme in den Weltraum reduziert, ist nun hauptsächlich das restliche, in der Atmosphäre verbliebene CO_2 sowie der verbliebene Wasserdampf verantwortlich.

Der auf der Erde verwirklichte dritte Gleichgewichtszustand ist an Leben gebunden und würde verschwinden, sollte das Leben von der Erde verschwinden. Eine weitere Möglichkeit, diesen vom Leben erzeugten Gleichgewichtszustand zu verlassen, ist nach Abb. 4 eine zu starke Abkühlung bzw. Aufheizung der Erde durch eine übermäßige, kurzzeitige Erhöhung bzw. Reduzierung der atmosphärischen Treibhausgase. Dies würde bedeuten, dass sie sich aus dem seit Jahrmilliarden eingehaltenen Temperaturintervall innerhalb des Tales in Abb. 4 bei etwa 15 °C herausbewegte und damit zwangsläufig und automatisch in den jeweiligen stabilen Zustand bei –90 °C bzw. +310 °C überginge.

Der in Abb. 4 gezeigte dritte Gleichgewichtszustand ist somit auf eine sorgfältige Balance der Treibhausgase auf der Erde angewiesen. Eine zentrale Rolle in der Balance dieses dynamischen Gleichgewichts spielt die natürliche Regulierung der Treibhausgase, allen voran von CO_2 und Wasserdampf. Sie geschieht durch das enge Wechselspiel des Kohlenstoffkreislaufs und des Wasserkreislaufs über die Vegetation. Die Vegetation ist in beiden Kreisläufen an mehreren Stellen wichtig:

- Vegetation reguliert den CO_2-Gehalt der Atmosphäre durch die Aufnahme von Kohlenstoff sowie, beim Absterben von Pflanzen, den Transfer von Kohlenstoff in langfristigere Pools, wie den tiefen Ozean oder die Böden.
- Vegetation beeinflusst den Wasserdampfgehalt der Atmosphäre durch verstärkte Verdunstung der Vegetation. Vegetationslose Oberflächen reduzieren die Verdunstung drastisch, nachdem die oberste Bodenschicht (ca. 5 cm) nach einem Niederschlag wieder ausgetrocknet ist. Landpflanzen hingegen bilden Wurzeln und schaffen damit ein effizientes Transportsystem, das die gesamte durchwurzelte Bodenzone (ca. 0,3 bis 2 m) entleert und das Wasser in Form von Wasserdampf in die Atmosphäre transferiert. Der erhöhte Wasserdampfgehalt führt wiederum zu verstärkten Niederschlägen und damit zu mehr Vegetation.
- Vegetation reguliert den O_2-Gehalt der Atmosphäre durch die Produktion von Sauerstoff, was wiederum Voraussetzung für alle Destruenten, wie Bodenbakterien und Pilze, ist. Diese veratmen die Vegetationsrückstände in CO_2 und geben damit den durch die Vegetation gebundenen Kohlenstoff wieder an die Atmosphäre zurück. So wird der Kohlenstoffkreislauf geschlossen.

Hatten Kohlenstoff- und Wasserkreislauf zu Beginn der Entwicklung der Erde nur schwache Berührungspunkte, so sind beide inzwischen, wie man sieht, über die Vegetation eng miteinander verzahnt.

Der dritte Gleichgewichtszustand wird somit durch das Lebenserhaltungssystem der Erde aufrechterhalten. Das Lebenserhaltungssystem der Erde hat in diesem Zusammenhang u. a. die folgenden Funktionen zu erbringen:

- Kohlendioxid zwischen der Atmosphäre und längerfristigen Pools wie den Ozeanen und den Böden auszutauschen und damit über die Regulierung des Treibhauseffekts den Wärmehaushalt der Erde zu steuern und die Erdtemperatur auf einem lebensfreundlichen Niveau zu halten.
- Durch Verdunstung und damit Destillation sauberes Wasser für den Niederschlag auf dem Festland zur Verfügung zu stellen. Hierfür sind vor allem die Ozeane zuständig, die große Wassermengen verdunsten, die über die globalen Windsysteme auf die Festländer transportiert werden.
- Gesteine zu Böden aufzubereiten und damit die für die Vegetation nötigen Nährstoffe zur Verfügung zu stellen.
- Tieren und Menschen Nahrungsmittel zur Verfügung zu stellen, was durch das Wachstum von Pflanzen geschieht.
- Die im Laufe des Lebenszyklus von Pflanzen und Tieren anfallenden Abfälle abzubauen bzw. in neue Nährstoffe umzubauen.

Den fünf genannten Funktionen des Lebenserhaltungssystems ist gemeinsam, dass sie auf flüssiges Wasser angewiesen sind und somit durch einen Mangel an Wasser in ihrer Leistungsfähigkeit beeinträchtigt werden.

Der dritte Gleichgewichtszustand war im Laufe seiner drei Milliarden Jahre andauernden Geschichte beeindruckend stabil. Seine Stabilität drückt sich darin aus, dass die Umweltbedingungen in dieser Zeit trotz zum Teil massiver äußerer Einflüsse, wie Meteoriteneinschläge, die für das Aussterben ganzer Tiergattungen verantwortlich waren, und Erdbahnveränderungen, die Eiszeiten ausgelöst haben, in lebensfreundlichen Grenzen gehalten wurden. Tatsächlich ist nicht bekannt, dass es während dieses langen Zeitraums jemals eine Periode gegeben hat, während der auf der Erde kein Leben existiert hat.

Das Leben hat sich somit auf der Erde einen neuen, von ihm selbst durch Fotosynthese kontrollierten, stabilen Gleichgewichtszustand geschaffen, der seit ca. 2,7 Milliarden Jahren die Bedingungen auf der Erde im lebensfreundlichen Bereich hält. Das Vorhandensein von Wasser in flüssiger Form ist dabei Grundvoraussetzung sowohl für das Leben als auch für die Funktion und Leistungsfähigkeit des Lebenserhaltungssystems der Erde. Bemerkenswerterweise hat es in dieser extrem langen Zeitspanne keine Situation gegeben, in der sich die Erde von dem in Abb. 4 gezeigten kleinen Minimum der Lyapunov-Funktion bei etwas mehr als 0 °C so weit entfernt hat, dass sie sich über die Flanken des Trichters bewegte und eines der beiden anderen Minima annehmen musste. Dies wäre einer Zerstörung des Lebens auf der Erde gleichgekommen. Aus Abb. 4 wird damit klar, dass der Zustand, in den sich die Erde im Laufe ihres Bestehens der letzten 2,7 Milliarden Jahre entwickelt hat, einem außergewöhnlichen Zusammenspiel physikalischer und biologischer Faktoren zu verdanken ist, keine Selbstverständlichkeit darstellt und auch keinen unendlich dauernden Bestand haben muss. Die Frage, welche Schocks dieses System vertragen kann, ohne aus dem stabilen Gleichgewichtszustand zu geraten und damit unweigerlich in einen der lebensfeindlichen Zustände zu gleiten, ist nicht geklärt.

Der Dichterfürst als Meteorologe

Goethe war ein begeisterter Naturforscher, und spätestens seitdem er auf Luke Howard (1772–1864) gestoßen war, der den verschiedenen Wolkenformen Namen gegeben hatte, interessierte er sich auch für Meteorologie. Den von Howard definierten Wolkentypen widmete er Gedichte. Goethe bemerkte auch, dass die Barometer an verschiedenen Orten im Gleichtakt stiegen und fielen, was ihn zu folgender originellen Theorie der „atmenden Erde" verleitete. Heute wissen wir, dass die Beobachtungsorte nicht weit genug auseinander lagen.

„Ich denke mir die Erde mit ihrem Dunstkreise gleichnisweise als ein großes lebendiges Wesen, das im ewigen Ein- und Ausatmen begriffen ist. Atmet die Erde ein, so zieht sie den Dunstkreis an sich, so daß er in die Nähe ihrer Oberfläche herankommt und sich verdichtet bis zu Wolken und Regen. Diesen Zustand nenne ich die Wasser-Bejahung; dauerte er über alle Ordnung fort, so würde er die Erde ersäufen. Dies aber gibt sie nicht zu; sie atmet wieder aus und entläßt die Wasserdünste nach oben, wo sie sich in den ganzen Raum der hohen Atmosphäre ausbreiten und sich dergestalt verdünnen, daß nicht allein die Sonne glänzend durchgeht, sondern auch sogar die ewige Finsternis des unendlichen Raumes als frisches Blau herdurch gesehen wird.

Diesen Zustand der Atmosphäre nenne ich die Wasser-Verneinung. Denn wie bei dem entgegengesetzten nicht allein häufiges Wasser von oben kommt, sondern auch die Feuchtigkeit der Erde nicht verdunsten und abtrocknen will; so kommt dagegen bei diesem Zustand nicht allein keine Feuchtigkeit von oben, sondern auch die Nässe der Erde selbst verfliegt und geht aufwärts, so daß bei einer Dauer über alle Ordnung hinaus, die Erde auch ohne Sonnenschein, zu vertrocknen und zu verdorren Gefahr liefe.

Die Sache ist sehr einfach [...] und so am Einfachen, Durchgreifenden halte ich mich und gehe ihm nach, ohne mich durch einzelne Abweichungen irreleiten zu lassen. Hoher Barometer: Trockenheit, Ostwind; tiefer Barometer: Nässe, Westwind, dies ist das herrschende Gesetz, woran ich mich halte. Wehet aber einmal bei hohem Barometer und Ostwind ein nasser Nebel her, oder haben wir blauen Himmel bei Westwind, so kümmert mich dieses nicht und macht meinen Glauben an das herrschende Gesetz nicht irre, sondern ich sehe daraus bloß, daß auch manches Mitwirkende existiert, dem man nicht sogleich beikommen kann [...]."

Gespräche mit Eckermann

Zirrus

Doch immer höher steigt der edle Drang!
Erlösung ist ein himmlisch leichter Zwang.
Ein Aufgehäuftes flockig löst sich's auf,
Wie Schäflein trippelnd, leichtgekämmt zu Hauf.
So fließt zuletzt was unten leicht entstand
Dem Vater oben still in Schoß und Hand.

Stratus

Wenn von dem stillen Wasserspiegel-Plan
Ein Nebel hebt den flachen Teppich an,
Der Mond, dem Wallen des Erscheins vereint,
Als ein Gespenst Gespenster bildend scheint
Dann sind wir alle, das gestehn wir nur,
Erquickt erfreute Kinder, o Natur!

Dann hebt sich's wohl am Berge, sammelnd breit
An Streife Streifen, so umdüstert's weit
Die Mittelhöhe, beidem gleich geneigt,
Ob's fallend wässert, oder luftig steigt.

Kumulus

Und wenn darauf zu höhrer Atmosphäre
Der tüchtige Gehalt berufen wäre
Steht Wolke hoch, zum herrlichsten geballt,
Verkündet, festgebildet, Machtgewalt,
Und was Ihr fürchtet und auch wohl erlebt
Wie's oben drohet, so es unten bebt.

Nimbus

Nun laßt auch niederwärts, durch Erdgewalt
Herabgezogen, was sich hochgeballt,
In Donnerwettern wütend sich ergehn,
Heerscharen gleich entrollen und verwehn! –
Der Erde tätig-leidendes Geschick! –
Doch mit dem Bilde hebet Euren Blick:
Die Rede geht herab, denn sie beschreibt,
Der Geist will aufwärts, wo er ewig bleibt.

Tafel aus Goethes Aufsatz „Wolkengestalt nach Howard“

Wasser mit nebulöser Wirkung

An einem kranken bislang alle Klimamodelle. Sie erfassen nur schlecht, wie sich die Erderwärmung auf die Wolken auswirkt und wie ein Mehr oder Weniger verschiedener Wolkentypen wiederum den Klimawandel beeinflusst. Der Journalist Christian Meier beschreibt die Arbeit eines Wolkenforschers in einem Institut der Max-Planck-Gesellschaft.

Für René Descartes bildeten sie den Thron Gottes: die Wolken. Der französische Philosoph sah in den fließenden und launenhaften Formen der wattigen Wetterphänomene darüber hinaus den Lackmustest für die menschliche Erkenntnisfähigkeit schlechthin. Wer die Wolken verstehe, schrieb der Begründer des rationalistischen Denkens im 17. Jahrhundert, der könne alles Wundervolle auf der Erde erklären.

Descartes hat die Komplexität des schwebenden Wasserreservoirs nicht überschätzt. Noch heute zerbrechen sich Wissenschaftler ihre Köpfe über eine Unzahl physikalischer Prozesse, die das Werden und Vergehen von Wolken sowie die Bildung von Regen, Schnee, Hagel oder Graupel in ihrem Inneren bestimmen – ihr Wissen darüber weist bislang noch sehr große Lücken auf.

Damit bleibt Descartes' Satz über die Bedeutung, die das Verständnis der Wolken hat, zumindest für die Klimaforschung aktuell. Für die Wissenschaft von der Erdatmosphäre gerät es tatsächlich zum Lackmustest. Die fliegenden Nebel spielen eine Doppelrolle für das Klima der Erde. Sie kühlen es, indem sie Sonnenlicht ins All reflektieren. Gleichzeitig erwärmen sie es, indem sie infrarote Wärmestrahlung daran hindern, von der Erdoberfläche in den Weltraum zu entweichen. Diese Janusköpfigkeit erschwert Vorhersagen, ob klimabedingte Änderungen der Wolkenbedeckung die Erderwärmung bremsen, beschleunigen oder keines von beiden. Klar ist bislang nur, dass schon eine kleine Änderung der Bewölkung die Prognosen der Klimamodelle zur Makulatur machen kann.

„Wenn sich die Wolkenbedeckung durch den Klimawandel nur um rund fünf Prozent verändern würde, könnte das den Effekt einer Verdopplung des Treibhausgases Kohlendioxid ausgleichen oder verdoppeln", sagt Bjorn Stevens, Direktor am Hamburger Max-Planck-Institut für Meteorologie. Damit veranschaulicht er die Rolle, die Wolken im Klimageschehen spielen. Ein kaum merkliches Mehr oder Weniger an Wolken beeinflusst das Klima also möglicherweise mindestens ebenso stark wie eine nochmalige Verdopplung des Kohlendioxidgehalts in der Atmosphäre. Die Wolken stellen daher den größten Unsicherheitsfaktor in den Modellen der Klimaforscher dar.

Die Höhe der Wolken bestimmt ihren Klimaeffekt

Stevens will die Unsicherheiten beseitigen. Er gehört zu den Forschern, die Descartes' Traum, die Wolken zu verstehen, wahr werden lassen möchten. Doch wie wollen die Forscher etwas erfassen, was sich so vielgestaltig zeigt und sich scheinbar so regellos wandelt wie die Wolken? Dass die Wolken sich nicht so chaotisch und beliebig verhalten, wie es scheint, erkannte der britische Amateur-Meteorologe Luke Howard erstmals zu Beginn des 19. Jahrhunderts. Er teilte die Vielfalt der Wolken in ein paar Kategorien ein, die heute noch gelten. Seine Wolkentypen nannte er Cirrus, Cumulus und Stratus.

Jede Wolke am Himmel lässt sich mit einem oder einer Kombination dieser Etiketten charakterisieren. Cumulus, zum Beispiel, bedeutet auf Lateinisch Anhäufung und bezeichnet kompakte Wolken, die sich über einer breiten flachen Basis auftürmen wie ein Geröllhaufen. Der Volksmund nennt sie daher Haufenwolken. Stratus heißt Schicht und weist auf einen bedeckten Himmel hin. Einen Wolkenteppich dicht gedrängter Cumuli nennen Meteorologen folglich Stratocumuli. Die Wolkenhöhe liefert ein weiteres Unterscheidungskriterium. Es gibt gewissermaßen drei Stockwerke: niedrige Wolken, im Fachjargon flache Wolken, tummeln sich in bis zu 2 000 Metern über dem Meer, mittelhohe, mit der Vorsilbe Alto versehen, zwischen 2 000 und 6 000 Metern, und die hohen Cirruswolken schweben mehr als 6 000 Meter über dem Meeresspiegel.

Die Höhe der Wolken bestimmt ihren Einfluss aufs Klima: Hohe Wolken halten die Wärmestrahlung von der Erde zurück und heizen daher die Atmosphäre auf, während niedrige Wolken hauptsächlich Licht von der Sonne reflektieren und die Lufthülle kühlen. Verständlich wird das durch die Temperatur der Wolken: Aus dem All betrachtet, geben die kalten Hochwolken nur wenig Wärmestrahlung ab. Von der wärmeren Erdoberfläche, die unter den Hochwolken verborgen liegt, gelangt keine Wärmestrahlung in den Weltraum. Sie bleibt in der Atmosphäre, die sich dadurch erwärmt. Die Flachwolken hingegen senden fast genauso viel Wärmestrahlung ins All wie die darunter liegende, kaum wärmere Erdoberfläche. Sie schirmen die Wärmestrahlung also nicht ab. Dafür sind sie kompakter als die schleierhaften Cirruswolken in der Höhe und reflektieren mehr Sonnenlicht ins All.

„Um berechnen zu können, welche Rolle die Wolken beim Klimawandel spielen, müssen wir wissen, wie sich die Häufigkeit der hohen und die der tiefen Wolkentypen verändert“, sagt Stevens. Die Kernfrage laute: Wie reagieren die unterschiedlichen Wolkentypen auf veränderte Bedingungen in ihrer Umgebung, etwa veränderte Temperatur oder Feuchtigkeit? Vermehrten sich beispielsweise hohe und tiefe Wolken gleich stark, so würde die dichtere Wolkendecke die Atmosphäre weder erwärmen noch kühlen. Nähmen die hohen Wolken jedoch zu, flache Wolken aber ab, stiege die Temperatur der Erdatmosphäre stärker als durch den Kohlendioxid-Anstieg allein.

Stevens und seine Kollegen müssen das Werden und Vergehen der unterschiedlichen Wolkentypen nachvollziehen, um deren Reaktionen auf veränderte Bedingungen berechnen zu können. Diese Aufgabe dürfte kaum einfacher sein, als Geburt und Sterben eines Lebewesens zu erfassen. Denn die Zirkulation der Feuchtigkeit auf der Erde, deren sichtbarer Teil die Wolken sind, erweist sich als ähnlich komplex wie ein Organismus, dessen Funktionieren von der kleinsten Zelle ebenso abhängt wie von seinen Organen und schließlich seinem gesamten Körper.

Auch die Wolken bestehen aus Bausteinen unterschiedlicher Größe. Die kleinsten schwebenden Wolkentröpfchen erreichen gerade einmal einen Durchmesser von einem hundertstel Millimeter, ein fallender Regentropfen misst mehr als einen Millimeter, die Luftwirbel der Turbulenzen in Wolken weisen Durchmesser von einem Millimeter bis zu rund hundert Metern auf. Eine ganze Wolke kann die Ausmaße von Kilometern annehmen, Wolkenfelder erstrecken sich gar über Hunderte von Kilometern. Die großräumigen Kreisläufe der Feuchtigkeit schließlich laufen auf Strecken von mehreren tausend Kilometern ab.

„Auf jeder dieser Größenskalen gibt es viele, zum Großteil noch unverstandene physikalische Prozesse“, sagt Stevens. Die Krux dabei: Die Prozesse beeinflussen sich gegenseitig über die Größengrenzen hinweg. „Man kann nicht einfach einen Teil herausnehmen, erklären und wieder hineinschieben“, erklärt Stevens die Schwierigkeit des Unterfangens. Die Kunst bestehe darin, Teil und Ganzes gemeinsam zu erforschen, indem man zwischen beiden hin- und herspringe.

Wolken verändern sich lokal und wirken global

Er illustriert die Kopplung von „ganz klein“ und „ganz groß“ mit Luftturbulenzen, die als entscheidend für die Lebensdauer von Wolken gelten. Fluggäste spüren sie oft im Rütteln des Flugzeuges. An den Rändern einer Wolke vermischen die Turbulenzen die trockene, klare Umgebungsluft mit der feuchten Wolkenluft. Diese Vermischung nennen Atmosphärenforscher *Entrainment*. Die in die Wolke gemischte Trockenluft wirkt sich auf die Wassertröpfchen in der Wolke aus. Sie kann die Verteilung ihrer Größe verändern, sodass mehr extrem kleine oder extrem große Tröpfchen entstehen, was wiederum die Regenneigung der Wolke beeinflusst. Die eingemischte Trockenluft kann die Wassertröpfchen aber auch zum Verdunsten bringen und somit die Wolke auflösen.

Das *Entrainment* spielt sich verglichen mit der Größe von Wolken in geradezu mikroskopischen Dimensionen ab: Die beteiligten Luftwirbel besitzen Durchmesser von Millimetern bis hin zu einigen Metern. Die Wirkung des *Entrainment* aber kann global sein: Wenn sich Wolken beispielsweise über dem häufig bedeckten Südostpazifik auflösen, erhöht sich die Sonneneinstrahlung auf dieses Meeresgebiet und es wird wärmer. Eine solche Entwicklung kann das Wetterphänomen El Niño auslösen. „Bevor wir Klimaphänomene wie El Niño sicher vorhersagen können, müssen wir viele Details der Wolkenphysik begreifen, unter anderem wie stark das *Entrainment* im Südostpazifik dazu beiträgt, Wolken aufzulösen“, sagt Stevens.

Die Aufgabe der Wolkenforscher wird noch dadurch erschwert, dass Prozesse wie das *Entrainment* nicht für alle Wolkentypen gleich wichtig sind. Jede Wolkenart muss also für sich untersucht werden.

Cumuli bedecken weite Teile der Meere

Stevens konzentriert sich auf bestimmte flache Wolkentypen über den tropischen und subtropischen Ozeanen. Diese sind weit verbreitet und deshalb besonders wichtig für das Klima. Außerdem hält Stevens sie für relativ leicht verstehbar, da sie kein Eis enthalten. Denn Eis verkompliziert das Wolkenproblem ungemein: Eiskristalle nehmen, je nach Temperatur und Luftfeuchte, sehr unterschiedliche Strukturen an, die von Schneeflocken, Eisnadeln oder -plättchen bis zu Graupel und Hagelkörnern reichen. Verschiedene Formen wiederum beeinflussen die Niederschlagsbildung unterschiedlich.

Eine der flachen Wolkenarten studiert Stevens seit vielen Jahren: sogenannte marine Stratocumulus-Wolken. Sie bedecken mehr als ein Zehntel der Ozeanfläche, und sind deshalb relevant für das Klima. Die Wolkenart bildet sich über kalten Meeresgebieten der Subtropen, etwa vor der kalifornischen und der südamerikanischen Pazifik- oder der namibischen Atlantikküste. In diesen Arealen liegt eine kühle, rund 900 Meter dicke

Schicht feuchter Luft unter trockener Warmluft. Direkt unterhalb der Grenze zwischen Kalt- und Warmluft bildet sich häufig eine geschlossene Decke dicht aneinandergedrängter Cumulus-Wolken – eben die Stratocumuli.

Das *Entrainment* dieser Wolken hat Stevens erforscht. Jahrzehntelang fragten sich Meteorologen, ob der Prozess die marinen Stratocumuli spontan auflösen kann. Sie nahmen an, dass sich das *Entrainment* unter bestimmten Umständen selbst verstärkt, wie eine chemische Reaktion, die ihren eigenen Katalysator produziert. Das würde bedeuten, dass die Trockenzone, angetrieben durch das *Entrainment*, vom Rand der Wolke relativ schnell in diese hineinwächst und sie dadurch auflöst.

Vor Stevens' Forschungen hatten Berechnungen ein wenig eindeutiges Ergebnis geliefert: Demnach sollte sich eine Trockenfront mit Geschwindigkeiten zwischen 0,2 und zwei Zentimetern pro Sekunde in eine Wolke bewegen. Daher beschloss Stevens nachzumessen. Mit ehemaligen Militärtransportflugzeugen, die er mit Messgeräten ausgerüstet hatte, flog der Wissenschaftler vor acht Jahren, als er noch Professor an der University of California in Los Angeles war, in die Stratocumulus-Wolken vor der kalifornischen Küste hinein. Die Messdaten bildeten die Grundlage für ein Computermodell der Turbulenzen am Wolkenrand. Dieses Modell zeigte schließlich, dass die Mischung lediglich mit 0,3 Zentimetern pro Sekunde voranschreitet. „Das ist zu langsam, als dass das *Entrainment* die Stratocumuli spontan auflösen könnte", stellt Stevens fest.

Auch wenn das *Entrainment* die Stratocumuli nicht schlagartig vom Himmel fegt, zeigen Satellitenaufnahmen dennoch, dass die Wolken spontan verschwinden können. Das Phänomen ist erstaunlich: Die Wolken bilden von oben gesehen eine körnige Fläche, die an einen mehrzelligen Organismus erinnert. Die weißen Zellen – die Wolken, die in einer Richtung fünf bis 50 Kilometer messen können – werden von dunklen Rändern eingefasst, an denen der darunter liegende Ozean hindurchscheint. An einigen Stellen, mitten im Wolkenteppich, zeigt sich ein umgekehrtes Muster: Die Zellen erscheinen dunkel mit weißen Rändern. Dort haben sich die Wolken im Inneren der Zellen verflüchtigt, und stattdessen bildeten sich welche an den zuvor wolkenfreien Zellrändern – so als betrachte man das Negativ einer Fotografie des ursprünglichen Musters. Messungen von Stevens' Flugzeugmission zeigten, dass die sonst nicht zu starkem Regen neigenden Stratocumuli beim Übergang zu diesem Negativmuster geregnet haben.

Warum sie das tun, erklärt Stevens wie folgt: Die insgesamt relativ glatte Unterseite der Wolkenschicht weist einige Ausstülpungen auf. Das heißt, manche der Zellen reichen näher an die Ozeanoberfläche heran,

Experten nennen sie daher tiefer als die Nachbarwolken. Tiefe Wolken regnen leichter. Das hängt mit dem Prozess zusammen, in dem Regen entsteht: Er beruht darauf, dass kleine Tropfen langsamer fallen als größere, weil sie bezogen auf ihre Masse mehr Luftreibung erfahren.

Regen kehrt Auf- und Abwärtsströmungen um

Wenn nun ein etwas größeres Tröpfchen durch die Wolke fällt, holt es kleinere Tröpfchen unter sich ein und stößt mit ihnen zusammen. Mit manchen dieser Tröpfchen verschmilzt es, wird größer und fällt noch schneller. Eine Art Lawineneffekt tritt ein, und das Tröpfchen wächst um das Millionenfache seiner Ursprungsgröße. Irgendwann schwillt es so stark an und fällt so schnell, dass es ohne wieder zu verdampfen als Regentropfen die Ozeanoberfläche erreicht. In tiefen Wolken geht das besonders leicht, weil sie den Tröpfchen eine relativ große Fallhöhe bieten und sich die Tröpfchen hier auf ihrem Weg abwärts mehr andere Tröpfchen einverleiben können.

Der Regen aus den tiefen Wolken bleibt nicht ohne Folgen: Computersimulationen, die Stevens mit seiner damaligen Doktorandin Verica Savic-Jovcic vorgenommen hat, zeigten, dass sich dort, wo es geregnet hat, auch die Zirkulation der feuchten Luft zwischen Ozean und Wolkenschicht radikal verändert: Vor dem Regen gab es eine starke Aufwärtsströmung in der Mitte der Zelle und schwache Abwärtsströme an ihren Rändern. Danach kehrte sich das um: eine starke Abwärtsströmung in der Mitte und schwache Aufwärtsströme an den Rändern. Diese Umkehrung der Strömungen bewirkt, dass sich das ursprüngliche Muster des Wolkenteppichs in sein Negativ verkehrt. Denn Wolken entstehen stets dort, wo warme feuchte Luft nach oben steigt. Der Prozess verdeutlicht, wie verschmelzende Wassertröpfchen, die das bloße Auge nicht erkennen kann, im Endeffekt kilometergroße Luftwalzen umkehren können.

Nachdem Stevens und seine Kollegen die Stratocumuli besser verstanden haben, tun sie nun den nächsten Schritt. „Wir bauen die Ergebnisse derzeit in die weltumspannenden Klimamodelle ein“, sagt Stevens. Solche Computermodelle zerteilen die Atmosphäre in ein Gitter aus Rechtecken, deren Länge und Breite mehrere hundert Kilometer beträgt und die rund einen Kilometer hoch reichen. Für jedes dieser Volumenraster berechnet der Computer Durchschnittswerte der Temperatur, der Feuchtigkeit und der anderen Eigenschaften der Lufthülle.

Weil Wolken durch dieses Raster fallen, versagen die Klimamodelle darin, sie zu simulieren. Kleinere Raster können die Forscher nicht verwenden, weil das die Rechenzeit ins Unermessliche steigern würde. Doch wenn Forscher die physikalischen Vorgänge in den einzelnen Wolkentypen verstanden haben, können sie sich behelfen. Zwar können sie auch dann nicht berechnen, an welchen Stellen genau in dem Raster sich die einzelnen Wolken bilden. „Aber auf Basis der Durchschnittswerte von Größen wie Temperatur und Luftfeuchte, die das Computermodell errechnet, lässt sich dann die Statistik der Wolkenverteilung berechnen“, sagt Stevens. Dann lässt sich also sagen, wie viel Prozent des Rastervolumens von Wolken ausgefüllt wird und von welchen Wolkentypen. Dies wiederum macht es möglich, den Einfluss der Wolken auf die Wärme- und Sonnenstrahlung zu quantifizieren.

Turbulente Regenbildung

Inzwischen widmet sich Stevens einem zweiten Typ flacher Wolken über den tropischen Ozeanen, den sogenannten flachen Cumuli. Diese Schönwetterwolken sind über den warmen Meeren allgegenwärtig – sie bedecken rund 40 Prozent der Weltmeere – und haben daher, so glaubt Stevens, einen noch größeren Einfluss auf das Klima der Erde als die Stratocumuli.

Zusammen mit Axel Seifert vom Deutschen Wetterdienst und seiner Doktorandin Louise Nuijens hat er vor Kurzem untersucht, wie Regen in einer solchen Wolke entsteht. Dabei haben die Forscher nachgewiesen, dass Turbulenzen die Regenbildung in der Wolke entscheidend unterstützen können. Denn die Luftwirbel schubsen Wassertröpfchen, die so leicht sind, dass sie schweben, in der Wolke hin und her. So kollidieren die Tröpfchen häufiger mit anderen schwebenden Tröpfchen, als sie es in ruhiger Wolkenluft tun würden. Die Mini-Tropfen verschmelzen daher häufiger. Schließlich entstehen mehr Tröpfchen, die schwer genug sind, um zu fallen, dabei weitere kleine Tröpfchen einzusammeln und schließlich zum Regentropfen zu werden. Die Computersimulationen zeigten, dass Turbulenzen die Häufigkeit der Tröpfchenstöße mehr als vervierfachten. „Das bedeutet, dass die Cumuli deutlich leichter Regen bilden, als wir bislang dachten“, sagt Stevens. [...]

Eine universale Wolkenformel gibt es nicht

Der Wolkenforscher sieht der Zukunft der Wolkenforschung sehr optimistisch entgegen. „Wir werden in den nächsten 25 Jahren ein Vielfaches dessen über Wolken lernen, was wir in den letzten 25 Jahren gelernt haben“, sagt er sichtlich erfreut. Im letzten Vierteljahrhundert seien die Beobachtungstechniken entwickelt worden. „Jetzt benutzen wir sie.“ Satelliten seien inzwischen in der Lage, mithilfe von Radar und Laserstrahlen dreidimensionale Bilder von Wolken und ihrem Inneren anzufertigen. Außerdem erleichtere es die wachsende Rechenkraft von Computern immer weiter, physikalische Prozesse auf immer mehr Größenskalen gleichzeitig zu simulieren – freilich erst, nachdem man die entsprechenden Prozesse verstanden habe.

Stevens glaubt allerdings nicht an eine Art universaler Wolkenformel: „Was es meiner Ansicht nach nicht gibt, ist ein allgemeines Prinzip, das mit ein paar mathematischen Symbolen die gesamte Physik der Wolken erklärt“, sagt Stevens. Er vergleicht die Wolkenforschung mit der Krebsforschung. „Früher dachten Mediziner, es gebe einen Entstehungsmechanismus für Krebs schlechthin. Heute weiß man, dass jede Krebsart für sich erforscht werden muss“, sagt der Wissenschaftler. Bei den Wolken sei es ähnlich: Jeder Wolkentyp müsse für sich verstanden werden. Dass etwa das *Entrainment* bei den marinen Stratocumuli nicht effizient wirke, gelte nicht unbedingt für andere Wolkentypen. Die Wolkenforschung ähnelt demnach einem Puzzle: Das Gesamtbild lässt sich umso besser erkennen, je mehr Puzzlesteine hinzukommen.

In der Aussage, dass die Wolken den Schlüssel zum Verständnis der ganzen Welt liefern, stimmt Bjorn Stevens dem Philosophen Descartes aber nur bedingt zu. Die Vorgänge in der Erdatmosphäre könne tatsächlich nur verstehen, wer die Wolken durchdringe. Aber nicht viel mehr – und er fügt hinzu: „Sollte es mir jemals gelingen, die Wolken komplett zu verstehen, wird es mir vermutlich immer noch schwerfallen, so manche Politikerentscheidung zu verstehen.“

Der Boden vergisst nichts

Alan Weisman ist vielfach ausgezeichneter Journalist, schreibt für zahlreiche Zeitschriften und ist Professor für Journalismus und Lateinamerikastudien an der Universität von Arizona. Der folgende Auszug stammt aus dem Buch „Die Welt ohne uns", das 2007 vom Time Magazine zum Sachbuch des Jahres gewählt wurde.

Wie die meisten britischen Fernverkehrsstraßen wurde die Trasse der Autobahn M1, die von London aus nach Norden führt, ursprünglich von den Römern erbaut. In Hertfordshire ist es von Hempstead nur ein Katzensprung bis St. Alban's und von dort wiederum nur ein kleines Stück bis zum Dorf Harpenden. Von römischer Zeit bis ins 20. Jahrhundert, als die Orte Schlafstädte des 50 Kilometer entfernten London wurden, war St. Alban's ein Zentrum für landwirtschaftlichen Handel, während Harpenden inmitten von flachen Kornfeldern lag, deren Gleichförmigkeit allenfalls durch Hecken unterbrochen wurde. [...]

In Harpenden, unweit eines niedrigen Steinkreises und einer angrenzenden Palisadenwand – den Überresten eines römischen Heiligtums –, wurde Anfang des 13. Jahrhunderts ein Landsitz errichtet. Rothamsted Manor, erbaut aus Ziegeln und Holz und umgeben von einem Graben und 120 Hektar Land, wechselte fünfmal den Besitzer in ebenso vielen Jahrhunderten, wobei sich die Zahl seiner Zimmer stetig erhöhte, bis dort im Jahr 1814 John Bennet Lawes geboren wurde.

Lawes besuchte Eton, ging dann nach Oxford, wo er Geologie und Chemie studierte, ließ sich üppige Koteletten wachsen, machte aber nie einen Abschluss. Stattdessen kehrte er nach Rothamsted zurück, um etwas aus dem Gut zu machen, das sein Vater hatte verkommen lassen. Was er tat, veränderte die Praxis der Landwirtschaft und große Teile der Erdoberfläche. Welche Dauer diesen Veränderungen selbst nach unserem Verschwinden beschieden sein wird, ist Gegenstand heftiger Debatten zwischen den Vertretern der Agrarindustrie und Umweltschützern. Doch mit bemerkenswerter Voraussicht hat uns John Bennet Lawes selbst viele Anhaltspunkte dafür hinterlassen.

Seine Geschichte beginnt mit Knochen – obwohl manch einer behaupten würde, dass zuerst die Kreide kam. Jahrhundertelang hatten die Bauern in Hertfordshire die kalkhaltigen Überreste urzeitlicher Meerestiere ausgegraben, die sie unter dem heimischen Lehmboden fanden, um sie auf ihren Äckern auszustreuen, weil sie dem Gedeihen ihrer Rüben und Getreidepflanzen förderlich waren. Aus den Vorlesungen in Oxford wusste Lawes, dass das Düngen mit Kalk nicht die Pflanzen nährte, sondern nur den Säuregehalt des Bodens verminderte. Gab es also etwas, was die Pflanzen selbst mit Nahrung versorgen konnte?

Der deutsche Chemiker Justus Liebig hatte kurz zuvor darauf hingewiesen, dass Knochenmehl erschöpften Böden neue Kraft gab; durch vorheriges Einweichen in verdünnter Schwefelsäure werde es für die Pflanzen noch bekömmlicher. Lawes probierte das Rezept auf einem Rübenacker aus und war beeindruckt.

Justus von Liebig gilt als der Vater der Düngemittelindustrie, er hätte diesen Ehrentitel aber vermutlich gern gegen John Bennet Lawes' außerordentlichen Erfolg eingetauscht. Liebig war nicht auf die Idee gekommen, seine Methode patentieren zu lassen. Als Lawes sich klarmachte, was für Umstände es für viel beschäftigte Bauern bedeutete, Knochen zu kaufen, zu kochen, sie zu zermahlen, Schwefelsäure von den Londoner Gaswerken zu holen, das Pulver damit zu behandeln und das verfestigte Ergebnis dieser Prozedur erneut zu mahlen, wurde er beim Patentamt vorstellig. Das Patent in der Tasche, errichtete er 1841 in Rothamsted die erste Kunstdüngerfabrik der Welt. Schon bald verkaufte er sein „Superphosphat“ an alle angrenzenden Bauernhöfe.

Kurze Zeit später verlegte er seine Düngerfabrik auf ein größeres Gelände bei Greenwich an der Themse. Als sich die Verwendung chemischer Bodenzusätze immer mehr verbreitete, wurde die Zahl von Lawes' Fabriken größer und seine Produkte vielfältiger. Jetzt gehörten nicht nur Knochenmehl und mineralische Phosphate dazu, sondern auch zwei Stickstoffdünger: Natriumnitrat und Ammoniumsulfat (die später beide durch das heute übliche Ammoniumnitrat ersetzt wurden). Abermals war es der glücklose Liebig, der Stickstoff als Schlüsselelement der für das Pflanzenwohl entscheidenden Amino- und Nukleinsäuren erkannt, aber versäumt hatte, seine Entdeckung gewinnbringend zu nutzen. Während Liebig seine Ergebnisse veröffentlichte, ließ sich Lawes die Nitratmischungen patentieren.

Um herauszufinden, welche Stoffe am wirkungsvollsten waren, legte Lawes 1843 eine Reihe von Versuchsfeldern an, die noch heute in Betrieb sind, was Rothamsted Research nicht nur zum ältesten agrarwissenschaftlichen Versuchsbetrieb macht, sondern auch zum Ort des weltweit längsten Feldexperiments. Lawes und John Henry Gilbert, der Chemiker, der Lawes' Partner wurde und es sechzig Jahre lang blieb, begannen mit der Bepflanzung zweier Felder: das eine mit Futterrüben, das andere mit Weizen. Diese unterteilten sie in 24 Streifen und verfuhren mit jedem auf andere Weise.

Die Mischungen umfassten viel, wenig oder keinen Stickstoffdünger; rohes Knochenmehl, die patentierten Superphosphate oder gar kein Phosphat; Mineralien wie Pottasche, Magnesium, Kalium, Schwefel, Natrium; schließlich noch unbehandelten oder gekochten Naturdung. Einige Streifen wurden mit dem einheimischen Kalk bestreut, andere nicht. In den folgenden Jahren wurden einige Felder abwechselnd mit Gerste, Bohnen, Hafer, Rotklee und Kartoffeln bestellt. Einige Streifen ließ man in regelmäßigen Abständen brachliegen, andere wurden ständig mit der gleichen Frucht bepflanzt. Wieder andere dienten als Kontrollfelder, die überhaupt keine Zusätze erhielten.

In den 1850er Jahren war klar, dass bei gleichzeitiger Anwendung von Stickstoff und Phosphat die Erträge zunahmen und dass sich Spurenmineralien bei einigen Pflanzen als zu- und bei anderen als abträglich erwiesen. Zusammen mit seinem Partner Gilbert, der unermüdlich Proben nahm und die Ergebnisse aufzeichnete, testete Lawes bereitwillig jede Theorie – egal ob wissenschaftlich, selbst gebastelt oder abenteuerlich –, die versprach, das Pflanzenwachstum zu fördern. Laut Lawes' Biografen George Vaughn Dyke gehörte dazu der Versuch, Superphosphat unter Verwendung von Elfenbeinstaub herzustellen oder Saaten verschwenderisch mit Honig zu versorgen.

Ein Experiment, das noch immer läuft, betrifft keine Feldfrüchte, sondern nur Gras. Eine alte Schafweide, direkt unterhalb von Rothamsted Manor gelegen, wurde in Streifen aufgeteilt und mit verschiedenen anorganischen Stickstoffverbindungen und Mineralien behandelt. Später fügten Lawes und Gilbert Fischmehl und den Dung von Tieren hinzu, die unterschiedliches Futter erhalten hatten. Als sich im 20. Jahrhundert der saure Regen verstärkte, wurden die Streifen weiter unterteilt und die Hälfte von ihnen mit Kalk bestreut, um das Wachstum bei verschiedenen pH-Konzentrationen zu untersuchen.

Dieses Wiesenexperiment zeigte, dass anorganischer Stickstoffdünger das Gras zwar hüfthoch wachsen lässt, aber die Artenvielfalt unterdrückt. Während auf nichtgedüngten Streifen fünfzig Arten von Gräsern, Unkräutern, Gemüsepflanzen und Kräutern wuchsen, zeigten sich auf benachbarten Feldern, die mit Stickstoff gedüngt worden waren, nur zwei oder drei Arten. Da Landwirte in aller Regel nicht wünschen, dass andere Pflanzensamen mit dem von ihnen ausgebrachten Saatgut konkurrieren, haben sie damit keine Probleme, möglicherweise aber die Natur.

Überraschenderweise hatte auch Lawes damit seine Schwierigkeiten. Inzwischen wohlhabend geworden, verkaufte er in den 1870er Jahren sein Kunstdüngerunternehmen, setzte aber seine faszinierenden Experimente fort. Ihn interessierte, wie die Bodenauslaugung zustande kam. Sein Biograf zitiert ihn mit den Worten: „Jeder Landwirt, der glaubt, er könne mithilfe von ein paar Pfund einer chemischen Substanz ebenso gute Ernten erzielen wie mit ebenso vielen Tonnen Naturdung, irrt sich gewaltig.“ Lawes riet jedem, der Gemüse und Gartenkräuter ziehen wolle, er solle sich „eine Gegend suchen, wo er sich zu erschwinglichen Preisen einen großen Vorrat an Naturdung besorgen kann“.

Doch in einem ländlichen Gebiet, wo man sich mühte, den Nahrungsbedarf einer rasch wachsenden städtischen Industriegesellschaft zu decken, konnten sich die Landwirte nicht mehr den Luxus leisten, genügend Milchkühe und Schweine zu halten, um die nötigen Mengen an organischem Dünger zu produzieren. Ende des 19. Jahrhunderts suchten die Landwirte überall im dicht besiedelten Europa verzweifelt nach Nahrung für ihr Getreide und Gemüse. Auf südpazifischen Inseln baute man den Guano ab, der sich in Jahrhunderten angesammelt hatte; in Ställen wurde der Mist zusammengekratzt; und selbst mit menschlichen Exkrementen wurden die Felder gedüngt. Laut Liebig hat man sogar die Knochen von Menschen und Pferden, die in der Schlacht von Waterloo ihr Leben gelassen hatten, gemahlen und als Dünger verwendet.

Als der Druck auf die landwirtschaftlichen Nutzflächen im 20. Jahrhundert überhandnahm, experimentierte man bei Rothamsted Research mit Versuchsfeldern für Herbizide, Pestizide und kommunalen Klärschlamm. Die gewundene Straße, die zu dem alten Herrenhaus führt, ist jetzt gesäumt von großen Labors für chemische Ökologie, molekulare Entomologie und Pestizidchemie. Sie befinden sich im Besitz jener agrarwissenschaftlichen Stiftung, die von Lawes und Gilbert gegründet wurde, nachdem sie beide von Queen Victoria geadelt wurden. Rothamsted Manor ist zu einem Gästehaus für Wissenschaftler aus aller Welt geworden. Doch hinter all den glänzenden, modernen Einrichtungen befindet sich in einer 300 Jahre alten Scheune mit staubigen Fensterscheiben Rothamsteds bemerkenswertestes Vermächtnis.

Es ist ein Archiv, das mehr als 160 Jahre umfasst – 160 Jahre menschlicher Bemühungen, Pflanzen zu nutzen. Die Proben, die in Tausenden von Fünf-Liter-Flaschen versiegelt sind, decken praktisch alles ab. Von jedem Versuchsstreifen nahmen Gilbert und Lawes Proben geernteter Getreidekörner, ihrer Stängel und Blätter sowie des Bodens, auf dem sie wuchsen. Sie bewahrten die Düngemittel jedes Jahres auf, einschließlich des Naturdungs. Ihre Nachfolger füllten sogar den Klärschlamm in Flaschen ab, der auf Rothamsteds Versuchsfeldern ausgebracht wurde.

Die Flaschen, chronologisch auf fünf Meter hohen Metallregalen angeordnet, reichen zurück bis zum ersten Weizenfeld von 1843. Nachdem sich in den ersten Proben Schimmel gezeigt hatte, wurden sie ab 1865 mit Korken, dann mit Paraffin und schließlich mit Blei verschlossen. Als während der Kriegsjahre Flaschen knapp wurden, versiegelte man die Proben in Blechdosen, die vorher Kaffee, Milchpulver oder Sirup enthalten hatten.

Tausende von Forschern stiegen auf Leitern, um die kalligrafischen Schriftzeichen auf den mit der Zeit vergilbten Etiketten zu entziffern – und ein wenig von der Bodenprobe zu entnehmen, die, sagen wir, im April 1871 auf Rothamsteds Geesecroft Field in einer Tiefe von 22,5 Zentimetern entnommen wurde. Doch viele Flaschen sind nie geöffnet worden: Neben der organischen Substanz bewahren sie auch die Luft ihrer Epoche. Sollten wir plötzlich verschwinden und kein Erdbeben eintreten, das die vielen Tausend Glasgefäße auf dem Boden zerklirren lässt, können wir mit einiger Gewissheit davon ausgehen, dass diese einzigartige Hinterlassenschaft uns noch lange überleben wird. Binnen hundert Jahren würde natürlich auch dieses stabile schiefergedeckte Dach den Einflüssen von Regen und Ungeziefer erliegen und die intelligentesten Mäuse würden möglicherweise herausfinden, dass bestimmte Gläser, wenn man sie anstößt und auf dem Betonfußboden zerspringen lässt, einen immer noch essbaren Inhalt zu bieten haben.

Nehmen wir jedoch an, dass die Sammlung, bevor sie solchem Vandalismus zum Opfer fällt, von außerirdischen Wissenschaftlern entdeckt wird, die zufällig auf unseren Planeten gestoßen sind. Stellen wir uns vor, sie finden das Rothamsted-Archiv mit seinen 300 000 Proben, die noch immer in dicken Gläsern oder Blechbüchsen versiegelt sind. Wenn diese Besucher schlau genug waren, um den Weg zur Erde zu finden, werden sie sicherlich auch rasch herausbekommen, dass die eleganten Schleifen und Symbole auf den Etiketten eine Systematik haben. Sobald sie Klarheit über die Boden- und Pflanzenproben gewonnen haben, wird ihnen vielleicht bewusst, dass sie eine Zeitrafferaufzeichnung der letzten anderthalb Jahrhunderte menschlicher Geschichte gefunden haben.

Wenn sie mit den ältesten Gläsern beginnen, finden sie relativ neutrale Böden, die jedoch nicht sehr lange so blieben, als sich die britische Industriekapazität verdoppelte. Weiter stellen unsere Besucher fest, dass sich der pH-Wert Anfang des 20. Jahrhunderts stärker in den sauren Bereich verlagerte und dass die Nutzung der Elektrizität zur Entwicklung von Kohlekraftwerken führte, welche die Luftverschmutzung über die Grenzen der Fabrikstädte hinaus in die ländlichen Gebiete trugen. Gleichzeitig gab es einen stetigen Anstieg des Stickstoffs und des Schwefeldioxids, bis Anfang der achtziger Jahre verbesserte Schornsteine die Schwefelemissionen drastisch senkten, woraufhin die Außerirdischen in den späteren Proben zu ihrer Überraschung gewisse Zusätze von Schwefelpulver finden, das die Landwirte nun nämlich ihrem Dünger beimischen mussten.

Unbekannt ist ihnen vielleicht eine Substanz, die auf Rothamsteds Grasfeldern erstmals Anfang der fünfziger Jahre auftauchte: Spuren von Plutonium, einem Element, das kaum in der Natur vorkommt, schon gar nicht in Hertfordshire. Wie Weinernten das jährliche Wetter verkörpern, so hinterließ der Fallout der Atomwaffentests in der Wüste von Nevada und später in der Sowjetunion seine Spuren in Rothamsteds fernen Böden.

Wenn die Außerirdischen dann das Ende des 20. Jahrhunderts entkorken, stoßen sie auf andere neue Substanzen, die es noch nie zuvor auf der Erde gab (und wenn sie Glück haben, auch auf ihrem Planeten nicht), etwa polychlorierte Biphenyle – PCBs – aus der Kunststoffherstellung. Dem bloßen Auge erscheinen die Proben ebenso harmlos wie die Erde, die hundert Jahre früher in Flaschen abgefüllt wurde. Doch das Sehvermögen Außerirdischer nimmt vielleicht Gefahren wahr, die wir nur mit Geräten wie Gaschromatografen und Laserspektrometern sichtbar machen können.

In diesem Falle können die Außerirdischen vielleicht auch die fluoreszierenden Spuren von polyzyklischen aromatischen Kohlenwasserstoffen (PAKs) erkennen. Unter Umständen sind sie auch erstaunt, wie PAKs und Dioxine, zwei Stofffamilien, die in der Natur bei Vulkanausbrüchen und Waldbränden emittiert werden, plötzlich keine Nebenrolle mehr in den Boden- und Pflanzenproben spielten, sondern ihre Konzentration im Laufe der Jahrzehnte immer mehr zunahm.

Wenn es sich bei den Besuchern um kohlenstoffbasierte Lebewesen wie uns handelt, treten sie möglicherweise einen Schritt zurück, denn PAKs und Dioxine können für das Nervensystem und andere Organe tödlich sein. PAKs gelangten während des 20. Jahrhunderts mit den Abgaswolken von Automobilen und Kohlekraftwerken in die Umwelt; auch im stechenden Geruch frischen Asphalts sind sie vorhanden. In Rothamsted wurden sie wie überall auf Bauernhöfen absichtlich eingeführt: in Herbiziden und Pestiziden.

Dioxine allerdings entstanden unbeabsichtigt: Sie sind Nebenprodukte, die bei der Chlorierung von Kohlenwasserstoffen entstehen: Das Ergebnis ist unumkehrbar und verheerend. Neben ihrer Rolle als Störfaktoren des endokrinen Systems, wo sie sich auf die Geschlechtseindeutigkeit auswirken, war ihre skandalöseste Anwendung vor ihrem Verbot jedoch das berüchtigte Agent Orange, ein Mittel, das den gesamten vietnamesischen Regenwald entlaubte, um Verstecke und Versorgungswege des Gegners aufzudecken. Von 1964 bis 1971 sprühten die Vereinigten Staaten rund 45 Millionen Liter Agent Orange über Vietnam aus. Vierzig Jahre danach sind Wälder, die hohe Dosen abbekommen haben, noch immer nicht wieder nachgewachsen. An ihrer Stelle sprießt das Japanische Blutgras, das als eines der schlimmsten Unkräuter der Welt gilt. Obwohl es ständig abgebrannt wird, wuchert es immer von Neuem und macht alle Versuche zunichte, es durch Bambus, Ananasstauden, Bananenstauden oder Teakbäume zu ersetzen.

Dioxine konzentrieren sich in Sedimenten, weshalb sie in Rothamsteds Klärschlammproben zutage treten. (Kommunaler Klärschlamm erschien den Verantwortlichen seit 1990 zu giftig, um ihn in der Nordsee zu entsorgen; stattdessen wird er als Kunstdünger auf Europas Äckern ausgebracht.)

Werden sich die künftigen Besucher bei der Sichtung von Rothamsteds außergewöhnlichem Archiv fragen, ob wir etwa versucht haben, uns selbst umzubringen? Vielleicht sehen sie einen Hoffnungsschimmer in dem Umstand, dass die Bleiablagerungen im Boden seit Anfang der siebziger Jahre deutlich zurückgingen. Gleichzeitig aber traten andere Metalle in stärkerem Maße auf. Besonders im archivierten Klärschlamm werden sie all die schädlichen Schwergewichte entdecken: Blei, Kadmium, Kupfer, Quecksilber, Nickel, Kobalt, Vanadium und Arsen, aber auch leichtere wie Zink und Aluminium.

Die Chemie

Dr. Steven McGrath sitzt vor seinem Computer und blickt durch seine Lesebrille konzentriert auf eine Karte Großbritanniens. Sie verzeichnet farbig markiert Substanzen, die auf einem idealen Planeten – oder einem, der die Chance bekommt, noch einmal von vorn anzufangen – nicht vorkommen sollten, schon gar nicht in Pflanzen, die gern von Tieren gefressen werden. Er deutet auf einen gelben Eintrag.

„Das hier ist beispielsweise die Netto-Zinkakkumulation seit 1843. Niemand außer uns kann diese Trends erkennen“, fügt er mit sichtlichem Stolz hinzu, „weil wir das älteste Versuchsarchiv der Welt haben“.

Dank der versiegelten Proben eines Winterweizenfelds namens Broadbalk, eines von Rothamsteds ältesten, weiß man, dass sich die ursprünglich 35 Millionstel Teile (ppm) Zink im Boden fast verdoppelt haben. „Das kommt aus der Atmosphäre, denn unsere Kontrollfelder enthalten keine Zusätze – keinen Kunstdünger, weder Mist noch Gülle, noch Klärschlamm. Trotzdem ist die Konzentration um 25 ppm gestiegen.“

Die Versuchsfelder jedoch, die ursprünglich ebenfalls 35 ppm Zink aufwiesen, liegen jetzt bei 91 ppm. Zu den 25 ppm aus industriellen Luftemissionen muss noch ein weiterer Faktor hinzukommen, der 31 ppm beisteuert.

„Stallmist. Kühe und Schafe bekommen aus Gesundheitsgründen Zink und Kupfer in ihr Futter. In 160 Jahren hat das den Zinkgehalt im Boden fast verdoppelt."

Wenn die Menschheit verschwindet, hat auch der zinkhaltige Rauch aus Fabriken ein Ende und niemand wird mehr mineralische Zusatzstoffe in Viehfutter mischen. Doch McGrath erwartet, dass selbst in einer Welt ohne Menschen Metalle, die in den Boden gelangt sind, dort noch lange verweilen werden. Wie lange der Regen braucht, um sie herauszuwaschen und die Böden wieder in ihren vorindustriellen Zustand zurückzuversetzen, hängt, so McGrath, von ihrer Zusammensetzung ab.

„Lehm, der wenig wasserdurchlässig ist, wird sie siebenmal so lange festhalten wie sandige Böden, weil lehmiger Untergrund das Wasser nicht so leicht passieren lässt." Torf, ebenfalls schwer zu entwässern, kann Blei, Schwefel und Dioxin noch länger speichern als lehmige Böden. McGraths Karten zeigen hohe Konzentrationen in der Hügellandschaft der englischen und schottischen Hochmoore.

Auch sandige Böden können schädliche Schwermetalle an sich binden, wenn sie mit Klärschlamm gemischt sind. Anhand archivierter Proben von Karotten, Rüben, Kartoffeln, Lauch und verschiedenen Getreidesorten, die seit 1942 in Rothamsted mit Klärschlamm behandelt wurden, hat McGrath errechnet, wie lange Metalle, die einem solchen Boden hinzugefügt wurden, dort bleiben – vorausgesetzt, es wird auch weiterhin gesät und geerntet.

Aus einem Aktenschrank zieht er eine Tabelle, die die schlechte Nachricht enthält. „Ohne Auswaschung beträgt die Verweildauer von Zink nach meiner Schätzung 3 700 Jahre."

Das entspricht der Zeitspanne, welche die Menschen brauchten, um von Bronzezeitalter in die Gegenwart zu kommen. Doch im Vergleich zur Verweildauer anderer metallischer Schadstoffe haben wir es hier noch mit einem kurzen Zeitraum zu tun. Kadmium, das im Kunstdünger enthalten ist, so erklärt er, werde doppelt so lange brauchen: 7 500 Jahre oder den Zeitraum, der verging, seit die Menschen begannen, Mesopotamien und das Nildelta zu bewässern.

Es kommt noch schlimmer. „Schwerere Metalle wie Blei und Chrom werden in der Regel nicht so leicht von Pflanzen aufgenommen und auch nicht durch Auslaugung entzogen. Sie gehen einfach Verbindungen ein." Blei, das Metall, mit dem wir den Boden am rücksichtslosesten verseucht haben, braucht fast zehnmal so lange wie Zink, um zu verschwinden – die nächsten 35 000 Jahre. 35 000 Jahre zurück, und wir befinden uns mitten im Eiszeitalter.

Aus ungeklärten chemischen Gründen ist Chrom das hartnäckigste Metall überhaupt: McGrath schätzt seine Verweildauer im Boden auf

70 000 Jahre. Chrom ist giftig, wenn es mit Schleimhäuten Kontakt hat oder verschluckt wird, und tritt vor allem als industrieller Gerbstoff auf. Kleinere Mengen lösen sich von alten verchromten Wasserhähnen, Bremsbelägen und Abgaskatalysatoren. Doch im Vergleich zu Blei ist Chrom relativ harmlos.

Schon früh entdeckten die Menschen das Blei, doch erst vor Kurzem fanden sie heraus, wie schädlich es sich auf Nervensystem, Lernentwicklung, Gehör und allgemeine Hirnfunktionen auswirkt. Außerdem verursacht es Nierenerkrankungen und Krebs. In Großbritannien schmolzen die Römer das Blei aus Erzadern im Gebirge und stellten daraus Rohre und Trinkgefäße her – eine unbedachte Wahl, deren Folgen viele Menschen das Leben oder den Verstand gekostet haben dürften. Die Verwendung von Rohrleitungen aus Blei war noch während der industriellen Revolution gang und gäbe – Rothamsted Manors historische, mit dem Familienwappen geschmückte Dachrinnen sind noch heute aus Blei.

Doch alte Sanitärinstallationen und Verhüttung vermehren das Blei in unserem Ökosystem nur um wenige Prozent. Werden unsere Besucher, wenn sie irgendwann während der nächsten 35 000 Jahre eintreffen, zu dem Schluss gelangen, dass Autokraftstoffe, industrielle Abgase und Kohlekraftwerke das Blei in die Umwelt geschleudert haben, das sie überall entdecken? Da niemand ernten wird, was nach unserem Verschwinden noch auf den metallgesättigten Feldern wachsen wird, vermutet McGrath, dass die Pflanzen es auch weiterhin aufnehmen werden, um es, wenn sie absterben und verfaulen, in einer Endlosschleife wieder an den Boden abzugeben.

Warum wir Temperaturen in Celsius messen oder: Negative Werte will ich nicht

Der dritte Hauptsatz der Wissenschaftsgeschichte lautet: Ein Gesetz oder ein Begriff, der nach einer Person benannt ist, stammt bestimmt nicht von dieser Person. Die nach dem schwedischen Astronomieprofessor Anders Celsius (1701–1744) benannte Einteilung der Thermometerskala bildet einen komplizierten Sonderfall dieser Regel, denn Celsius hat zwar eine Temperaturskala eingeteilt, aber er legte die Temperatur kochenden Wassers mit null und die gefrierenden Wassers mit hundert Grad fest – genau umgekehrt wie wir es heute gewohnt sind, hat der Wissenschaftsjournalist Utz Thimm herausgefunden.

Anfang des 18. Jahrhunderts waren in jedem Land, ja häufig in jeder Provinz andere Gewichte und Maße in Gebrauch. Doch während sich die daraus ergebenden Probleme meistern ließen, indem man Referenzobjekte austauschte, ergab sich wegen der immateriellen Natur von Hitze bei der Temperaturmessung ein besonderes Problem. Die meisten Thermometer der damaligen Zeit funktionierten nach dem Prinzip, dass man zunächst einen Fixpunkt festlegte und die anderen Temperaturen durch Ausdehnung einer Flüssigkeit – etwa Quecksilber oder Weingeist – maß.

Die Kunst bestand darin, einen passenden Fixpunkt zu wählen. In Paris verwendete man die Temperatur des Kellers unter dem Observatorium, den es noch heute gibt: Er ist etwa 12 Grad Celsius warm. Die Methode ist nicht so absurd, wie sie sich anhört, denn künstliches Eis war schwierig herzustellen, und außerdem war keineswegs klar, dass es immer bei derselben Temperatur schmolz. Der Keller dagegen stand – jedenfalls in Paris – zu jeder Jahreszeit bei einer gleich bleibenden Temperatur zur Verfügung. Als Nicolas de L'Isle in den 1720er-Jahren sein Thermometer entwickelte, legte er den Nullpunkt bei der Siedetemperatur von Wasser und hundert Grad bei der Temperatur eben dieses Kellers fest.

Der englische Instrumentenmacher Francis Hauksbee verwendete für den Nullpunkt die „größte Hitze bei Sonnenschein in London". Auf seiner Skala zeigten 45 Grad milde Temperaturen an und bei 65 Grad gefror Wasser. Solche Hauksbee-Thermometer wurden für meteorologische Messungen auch in Uppsala, wo Celsius lehrte, verwendet. Der deutsche Physiker Daniel Fahrenheit, dessen Temperaturskala bis heute in der englischsprachigen Welt benutzt wird, wählte für sein Quecksilberthermometer als Referenzpunkt mit 96 °F „die größte Hitze, die das Thermometer durch Kontakt mit dem menschlichen Körper erreichen kann". Auch Gefrier- und Siedepunkt von Wasser waren schon als Fixpunkte in Gebrauch. So bezog sich René-Antoine Ferchault de Réaumur mit dem Nullpunkt seines Weingeist-Thermometers auf den Gefrierpunkt. Der englische Botaniker Stephen Hales ging ebenso vor, legte aber noch einen zweiten Fixpunkt von hundert Grad bei der Schmelztemperatur von Bienenwachs fest. Zunächst hatte er dafür die Wassertemperatur erwogen, bei der er es gerade noch aushalten konnte, die Hände eingetaucht zu halten.

Celsius' Leistung besteht nun gerade nicht darin, den vielen Thermometerskalen seiner Zeit eine weitere hinzugefügt zu haben, die sich dann eher zufällig durchgesetzt hätte. Die Celsius-Skala trägt seinen Namen aus zwei anderen Gründen zu Recht: wegen der Einsicht, dass man zum genauen Eichen eines Thermometers nicht nur einen, sondern zwei Fixpunkte braucht, sowie der großen Sorgfalt, mit der er dabei vorging.

Der Astronomieprofessor war ein begnadeter Experimentator. Zur Messung des Gefrierpunkts steckte Celsius das Thermometer für mindestens eine halbe Stunde in „klumpigen" Schnee. Zwei Winter lang wiederholte er das Experiment unter verschiedenen Bedingungen: Er platzierte einen Eimer mit Schnee in einem heißen Ofen – der Gefrierpunkt blieb konstant. Er beobachtete den Luftdruck – der Gefrierpunkt schien nicht auf ihn zu reagieren. Aber vielleicht hing der Gefrierpunkt von der geographischen Breite ab? Während einer Expedition nach Nordschweden maß Celsius den Gefrierpunkt in Torneå, außerdem in seiner Heimatstadt Uppsala sowie in Paris. Zwischen diesen Orten erstrecken sich immerhin 17 Breitengrade, aber immer wenn Schnee *und* Wasser die Thermometerspitze gemeinsam umhüllten, blieb die Temperatur konstant. Der Gefrierpunkt von Wasser war anscheinend als Fixpunkt für die Thermometerskala geeignet.

Was den Siedepunkt von Wasser anging, so stellte Celsius zunächst einmal fest, dass sich die Temperatur nicht änderte, egal wie lange man das Wasser kochte. Dabei benutzte er Wasser aus verschiedenen Quellen: geschmolzenen Schnee, aus dem Fyrisån-Fluss und aus drei verschiedenen Brunnen. „Ein Brunnen hatte schlechtes Wasser, das für Tee ungeeignet war, ein Brunnen hatte ziemlich gutes Wasser und ein Brunnen hatte gutes Wasser, das üblicherweise für Tee verwendet wurde." Das Wasser aus dem schlechten Brunnen schien zunächst etwas niedrigere Meßwerte zu ergeben, aber Celsius kam schließlich zu dem Ergebnis, dass auch die Herkunft des Wassers egal sei.

Zu dieser Zeit hatte Fahrenheit bereits entdeckt, dass der Siedepunkt des Wassers vom Luftdruck abhängt, aber Celsius war der Erste, der diesen Zusammenhang systematisch erforschte. Die Sorgfalt seiner insgesamt 31 Messungen beeindruckt noch heute. Der Siedepunkt von Wasser war als zweiter Fixpunkt verwendbar, vorausgesetzt, das Quecksilber im Barometer stieg auf 25,3 Zoll Höhe. Diese Temperatur legte Celsius schließlich mit null Grad fest, den Gefrierpunkt mit hundert Grad.

Wahrscheinlich wollte Celsius negative Zahlenwerte vermeiden, denn Thermometer wurden damals in einem Temperaturbereich verwendet, den wir heute mit minus 20 und plus 40 Grad Celsius abgrenzen würden. Celsius folgte wohl dem Vorbild von de L'Isle, als er die Null bei der Siedetemperatur von Wasser ansetzte. Bei der Messung von Außentemperaturen zur Winterszeit entstanden so keine negativen Werte.

Wer hat dann die Celsius-Skala in die Form gedreht, wie wir sie heute kennen? Jedenfalls nicht Celsius, womit oberflächlich mal wieder der dritte Hauptsatz der Wissenschaftsgeschichte bestätigt wäre. In manchen Lexika wird stattdessen der Name eines anderen großen Schweden – Carl von Linné – erwähnt. Die wenigen Temperaturmessungen, die von Linné überliefert sind, können sich allerdings nicht auf die moderne Celsius-Skala beziehen. So schreibt er, dass in seinem Gewächshaus Pflanzen aus Afrika während der Wintermonate bei einer Temperatur von „70 Grad" hervorragend wüchsen und mit einer Temperatur von „40 Grad" auskämen. Allerdings ist bekannt, dass Linné bei dem führenden schwedischen Instrumentenmacher Daniel Ekström ein Thermometer mit der Null beim Gefrierpunkt von Wasser bestellte. In einem späteren Brief von 1758 steht: „Ego primus fui qui parare constitui thermometra nostra, ubi punctum congelationis 0 et gradus coquentis aquae 100." Hier hängt alles davon ab, wie man „parare" übersetzen will: „Ich war es, der das Thermometer erfunden/erworben hat, bei dem der Gefrierpunkt des Wassers bei 0 liegt und der Siedepunkt bei 100."

Celsius starb 1744. Schon im Oktober 1746 notierte sein Nachfolger Mårten Strömer im Observatorium von Uppsala Temperaturen in „Celsius novum"-Graden, die der heutigen Skala entsprechen. Im April des nächsten Jahres taucht in den Protokollen dafür die Bezeichnung „Ekström" auf. Also doch der Instrumentenmacher Ekström als Erfinder „unserer" Celsius-Skala? Die Frage, wer die Celsius-Skala in die heute übliche Form gedreht hat, lässt sich nur noch auf einen Kreis von drei Verdächtigen einengen: Linné, Strömer oder Ekström.

Man sollte diesen Punkt aber auch nicht überbewerten. Die Temperaturskala trägt insofern Celsius' Namen zu Recht, als er in überaus sorgfältigen Experimenten zwei geeignete Fixpunkte festgelegt hat. Für den Siedepunkt gibt er außerdem eine Formel an, wie man bei einem vom Standardwert abweichenden Luftdruck den korrekten Fixpunkt errechnen kann: „Dann kann man sicher sein, dass zahlreiche solcher Thermometer, die in derselben Luft platziert werden, immer dieselbe Gradzahl anzeigen werden. Ein Thermometer, das etwa in Paris angefertigt worden ist, wird bei derselben Hitze dieselbe [Quecksilber]Höhe zeigen wie ein in Uppsala angefertigtes Thermometer."

Allerdings lag die Erfindung der Celsius-Skala sozusagen in der Luft. In den 1740er-Jahren konstruierten auch Jean Pierre Christin in Lyon und unabhängig von ihm der Genfer Pierre Martel Thermometer mit dem Gefrier- und Siedepunkt von Wasser als Fixpunkten und einer Einteilung der dazwischenliegenden Skala in hundert Grad. Offensichtlich reifte dieselbe Idee gleichzeitig in den Köpfen mehrerer Personen – Celsius sticht vor allem durch die sorgfältige Untersuchung hervor, ob sich die beiden Referenzpunkte der Skala tatsächlich als Fixpunkte eigneten.

Sein Wunsch, eine Temperaturskala ohne negative Zahlenwerte zu schaffen, ist im 20. Jahrhundert dann doch noch in Erfüllung gegangen. In der Physik wird allgemein die von Lord Kelvin konzipierte absolute Skala verwendet. Wärme ist in der Interpretation der Physiker nichts als das Zittern von Atomen und Molekülen. Wenn ihre Bewegung – bis auf einen quantenmechanischen Effekt – einfriert, ist der absolute Nullpunkt erreicht. Er liegt in Celsius-Graden ausgedrückt bei minus 273,15 °C. Dieser Nullpunkt ist von der Natur vorgegeben, als zweiter Fixpunkt böte sich der Gefrierpunkt des Wassers bei Atmosphärendruck an. Allerdings entsteht durch die Löslichkeit von Luft in Wasser hier ein Spielraum von einem Tausendstel Grad. Deswegen hat man sich lieber für den so genannten „Tripelpunkt" des Wassers entschieden, bei dem reines Wasser unter Ausschluss von Luft zugleich fest, flüssig und gasförmig vorliegt. Er liegt ein Hundertstel Grad über dem Gefrierpunkt, also bei 273,16 Kelvin. Ein Kelvin hat im Übrigen auf der Kelvin-Skala dieselbe Größe wie ein Grad Celsius.

Erst in den 1980er-Jahren stellte sich dann heraus, dass eine weitere Revision der Temperaturskala notwendig war. Da man gerne den Wert für den Tripelpunkt des Wassers beibehalten wollte, konnte der Siedepunkt des Wassers nun nicht mehr bei 100 Grad liegen. Seit Einführung der neuen Internationalen Temperaturskala von 1990 liegt der Siedepunkt von Wasser bei Atmosphärendruck deswegen nicht mehr bei genau 100,000 °C, sondern bei 99,975 °C. Anders Celsius hätte die Präzision dieser Messungen gefreut.

Quellen

Olof Beckman, „Celsius, Linne and the Celsius Temperature Scale", *Bulletin of the Scientific Instrument Society*, Nr. 56 (März 1998), S. 17–23.

Olof Beckman, „The Celsius Temperature Scale: An Additional Note", *Bulletin of the Scientific Instrument Society*, Nr. 57 (Juni 1998), S. 20.

Am Kreuzweg aller Meridiane

Die Sowjetunion hat eine einzigartige Tradition der Arktisforschung begründet, indem sie Forscher auf sogenannten Eisdriftstationen durchs Polarmeer treiben ließ. Der Erste war Iwan Papanin, der am 21. Mai 1937 von einem Flugzeug zusammen mit drei Kameraden auf einer Eisscholle am Nordpol ausgesetzt wurde. Es war die Zeit als Stalin regierte, und die Forscher gingen nicht nur wissenschaftlicher Arbeit nach, sondern mussten auch die KPdSU würdig auf dem Eis repräsentieren. Seit Papanins Pioniertat hat es noch viele Eisdriftstationen gegeben, bis diese Fahrten durch den Zusammenbruch der Sowjetunion unterbrochen wurden. Neuerdings hat Russland diese Expeditionsform, die eine so ungestörte Beobachtung der arktischen Natur erlaubt, wie es von Bord eines Forschungsschiffes nie möglich wäre, wieder aufgenommen. Der folgende Ausschnitt stammt aus Papanins Erinnerungen „Eis und Flamme".

Wenn ich geglaubt hatte, ich würde auf der Eisscholle nicht mehr zu weinen brauchen, hatte ich mich geirrt. Ich mußte – die Sonne! Ich hatte mich nicht in acht genommen und mir eine Entzündung am linken Auge zugezogen. Der schneidende Schmerz trieb mir die Tränen in die Augen.

„Kopf hoch, Dmitritsch!" trösteten mich die Freunde. „Dafür hast du eine Entdeckung gemacht – so stark ist die Sonnenaktivität am Pol! Und in den Süden brauchst du auch nicht mehr zu fahren, hast hier genug Sonne, und dazu Wasser in rauhen Mengen."

Wasser gab es wirklich im Überfluß. Es war eine Wonne – wir konnten uns waschen, konnten die Hände säubern und Geschirr spülen. Wenn allerdings plötzlich ein Hygieneinspektor auf der Eisscholle aufgetaucht wäre, hätte ihn wohl der Schlag getroffen.

Ein Glück für uns, daß es auf der Eisscholle keine Fliegen gab. Die Abfälle schafften wir möglichst weit von Petrowitschs hydrologischen Besitzungen weg. Obwohl wir uns alle Mühe gaben, sauber zu sein, fehlte es dafür ganz einfach an den Voraussetzungen. Auf der Eisscholle merkte ich so richtig, was es mit dem Scherz der Polarfahrer auf sich hat: „Ein richtiges Dampfbad, und dir ist ein halbes Jahr lang sauwohl zumute!" Die allergewöhnlichsten Dinge lernten wir auf der Eisscholle schätzen.

Bereits in Moskau hatten wir ausgemacht, daß bei uns auf dem Eis alles genauso wie auf dem Festland sein sollte. Nun kam aus der Politischen Verwaltung der Hauptverwaltung Nördlicher Seeweg ein Telegramm, auf der Eisscholle sei eine Partei- und Komsomolgruppe zu bilden, Parteigruppenorganisator sei ich. Die Gruppe setzte sich folgendermaßen zusammen: Mitglieder der KPdSU(B) – I.D. Papanin, Kandidaten der KPdSU(B) – E. T. Krenkel, Mitglieder des Leninschen Kommunistischen Jugendverbandes der UdSSR – J.K. Fjodorow; Pjotr Petrowitsch war parteilos.

Wir arbeiteten, diskutierten über Probleme des internationalen Lebens, sprachen darüber, wie die Dinge in unserem Lande liefen. Und kämpften unentwegt. Nicht allein gegen das Wasser, sondern auch gegen den Rost, da ansonsten viele Instrumente schon bald ausgefallen wären. Ich reparierte eine Chronometerfeder und brachte den Drillbohrer in Ordnung. Ein weiterer Feind war der Wind, der die Festigkeit der Zelte regelrecht testete. Er riß daran, als sei es für ihn ein Kinderspiel. Wir waren doch nicht auf die Idee gekommen, sie im Windkanal zu prüfen, sondern hatten den Herstellern aufs Wort geglaubt. Nun klebte ich die Löcher in den Zelten. Als Klebstoff diente mir Cellon. Ich weiß nicht mehr, ob die Flicken damit gut hielten, an meiner Haut haftete das Zeug jedenfalls wie Pech und ging weder mit heißem Wasser noch mit Benzin ab. Als ich das Cellon einmal mit dem Messer von den Fingern kratzte, kam Ernst hinzu und erkundigte sich angelegentlich:

„Kriegst du die Haut auch mit 'runter?“

Ich drohte ihm mit der Faust, bedauerte es aber im gleichen Augenblick – das Cellon hatte mir die Finger zusammengeklebt.

Bald darauf bekam ich Ohrenschmerzen.

„Versteh mich recht, Dmitritsch“, meinte Petrowitsch. „Als Kamerad kann ich es dir natürlich nachfühlen. Aber rein beruflich freue ich mich. Ich brauche ein bißchen Übung, sonst vergesse ich ja alles, was mir die Mediziner beigebracht haben.“

In einer Klinik hatte er nämlich im Schnellverfahren Medizin studiert. Nun ging er daran, mich zu kurieren. Mir war, als feuerte in meinem Ohr ein Maschinengewehr. Shenja und Ernst machten sich unterdessen über Petrowitsch lustig:

„Ob nicht du damit gemeint bist, Petja: ‚Trotz aller Bemühungen des Arztes überlebte der Patient.‘?“

„Du darfst uns unseren Chef auf keinen Fall nehmen“, flehte Shenja.

Wie stets blieb Schirschow auch jetzt gelassen.

„Ihr unterschätzt den psychologischen Faktor. Dmitritsch wird gesund, kaum daß er meine Vorbereitungen sieht, damit er nur nichts mit mir zu tun kriegt.“

Ob dieser Faktor wirklich den Ausschlag gab oder ob das Kampferöl half – auf jeden Fall war ich die Ohrenschmerzen bald los. Schirschow muß der am schlechtesten ausgerüstete Arzt der Welt gewesen sein, denn im Vertrauen auf unsere Gesundheit hatten wir Instrumente und Medikamente auf ein Minimum reduziert. Und ich muß sagen, sie hat uns nicht im Stich gelassen, unsere Gesundheit. [...]

Im Juli gab es auf der Eisscholle derart viele Seen, daß es angebracht gewesen wäre, ihnen Namen zu geben. Die hohen Jagdstiefel leisteten mir gute Dienste. Dabei hatten alle über mich gespottet, als wir die Sachen zusammenpackten: „Auf der Eisscholle gibt es doch gar keine Enten, Dmitritsch." Ein paar Reserven haben eben noch nie geschadet.

Nach langen Tagen schlechten Wetters klarte es am 24. Juli auf, so daß wir feststellen konnten, wo wir uns befanden – auf 88 Grad 3 Minuten nördlicher Breite und 6 Grad östlicher Länge. An ebendieser Stelle machten wir unsere Fotos, die einzig in ihrer Art sind. Wir hatten es eilig damit, denn die Bilder von unserem Leben und unserer Arbeit mußten wir aufnehmen, solange Polartag herrschte, solange das Wetter klar und sonnig war. Ich gab mir alle Mühe – schließlich wollte ich nicht umsonst soviel Zeit fürs Lernen aufgewandt haben. Die Aufnahmen sind, wie ich glaube, ganz gut gelungen.

So gingen die Eistage, genauer gesagt, die Wassertage dahin. Damit der Leser ein vollständiges Bild davon erhält, sei hier die Tagebucheintragung vom 26. Juli wiedergegeben:

„Die mit großer Freude begrüßten Fröste währten nicht lange. Abscheuliches Wetter trat ein: Nebel und Sprühregen bei einer Lufttemperatur von plus vier Grad. Das Eis taute von neuem, und unser Wohnzelt geriet in Gefahr. Der Kanal, durch den das Wasser in die Wuhne [Eisloch] abfließt, vertiefte sich auf sechzig Zentimeter ...

Shenja ist in sein Labor gegangen.

Viele Sorgen bereitet uns die Wuhne, in die als reißender Bach das Wasser aus den umliegenden Seen abfließt. Ein rascher Strudel hat sich gebildet, er unterspült die Wuhnenwände und bedroht die Winde. Pjotr befestigte sie sorgfältig. In die Wuhne wird von zwei Seiten so viel Wasser gespült, daß Schirschow mit dem Verlust seiner wertvollen Meß- und Schöpfgeräte rechnen muß. Er baute eine ganze Befestigungsanlage aus Brettern, Sperrholzstücken und Balken für die Winde. Selbst alle nicht benutzten Skier hat er dazu verwendet. Bis zum Mittagessen plagte er sich damit herum.

Ich machte einen Rundgang, um zu prüfen, wie das Wasser sich auf unserer Eisscholle verhielt. An einer Stelle war sogar ein Wasserfall entstanden. Wer da hineinfällt, kommt nicht mehr heraus. Wir müssen unsere ‚Niagarafälle' unbedingt fotografieren ...

Überall auf unserem Eisfeld steht das Wasser. Die Depots kann man jetzt nur noch mit dem Boot erreichen. Ich kletterte also in einen Gummikahn und fuhr die ‚ganze Wirtschaft' ab. Dabei stellte ich fest, daß auf der gesamten Eisscholle nur noch ein einziges ‚trockenes' Inselchen übriggeblieben war, aber auch das drohte überflutet zu werden.

Wie ein Miniatureisbrecher zwängte sich das Boot durch die Eisbrocken, die auf der Oberfläche der Seen schwammen. Zeitweise vergaß ich, daß ich nicht auf tiefen Wuhnen, sondern auf flachen Seen paddelte, unter denen sich noch drei Meter dickes Eis befindet. Ziemlich weit vom Lager entfernt, entschloß ich mich erst zur Rückkehr. Es war höchste Zeit, denn im Wasser bleiben bekanntlich keine Spuren zurück, und im Nebel kann man sich leicht verirren.

Pjotr holte eine Planktonprobe aus dem Ozean, untersuchte sie eingehend in seinem Labor und fuhr dann im Paddelboot ebenfalls über das ‚Meer', das sich auf unserer Eisscholle gebildet hatte.

Jetzt könnten keine Flugzeuge hier landen und uns wegbringen.

Vor dem Einschlafen schaltete Ernst Musik ein."

In jenen Tagen ist uns wohl erst richtig zu Bewußtsein gekommen, welches Risiko wir eingegangen waren, als wir uns auf eine Eisscholle begaben, die nun vor unseren Augen immer dünner wurde.

Doch wir bemühten uns, die schweren Gedanken und Befürchtungen zu verscheuchen, und fanden, wir sollten lieber die kleinen Freuden genießen. Das Windrad lief wieder; wir sandten aufmunternde Telegramme an unsere Familien, die sich nicht einmal einen Bruchteil der uns drohenden Gefahr vorzustellen vermochten. Und es war nur gut, daß sie keine Ahnung hatten.

Petrowitsch lief bitterböse umher – er hatte als Bauarbeiter versagt, die Winde war neuerlich in Gefahr. Woher nur noch mehr Bretter, Sperrholz, Strick und Stöcke für ihn nehmen?

Shenja wie Petrowitsch kannten zwar ihre wissenschaftliche Technik ausgezeichnet, aber wenn es schlicht und einfach um etwas für den Hausgebrauch ging, standen sie hilflos da.

In Petrowitschs Eispalast summte ein Petroleumkocher. Schirschow ließ den Meßflügel in verschiedene Tiefen hinab, um die entsprechende Strömungsgeschwindigkeit des Wassers zu bestimmen. Er mußte immer heißes Wasser über den Flügel gießen, da ansonsten das Süßwasser, das sich in der Wuhne gesammelt hatte, beim Hinablassen des Flügels in den Mechanismus eindringen und gefrieren würde, sobald das Gerät in das Meerwasser eintauchte. Ich half ihm, das Seil hochzuholen – Petja arbeitete schon 14 Stunden hintereinander.

So hatten wir die Sonde wieder einmal heraufgezogen. Petja machte seine Notizen, als ihm aus irgendeinem Grunde plötzlich der Einfall kam, den Verschluß des Kochers aufzudrehen, den wir mit Petroleum und Benzin vollgepumpt hatten. Eine starke Stichflamme schoß empor, Petja schrie auf und hielt sich die Hände vors Gesicht. Der Stopfen hatte ihn, wie sich herausstellte, an der Augenbraue getroffen, so daß die Haut geplatzt war. Einen Zentimeter tiefer und ... Da war ein ermahnendes Gespräch fällig.

Ich nahm Schirschow und Fjodorow unter meine Fittiche. Der Polarwolf Krenkel hatte keinen Vormund nötig. Wir staunten nur immer wieder über seine Erfolge. Die Funkstation hatte nicht mehr als 20 Watt Leistung, aber Ernst bekam damit Verbindung zu einem Kurzwellenamateur in Südaustralien und zu einem Matrosen namens Trolleys auf den Hawaii-Inseln. Ein interessantes Völkchen, diese Amateurfunker! So wißbegierig und teilnahmsvoll! Trolleys berichtete, er habe viel über uns gelesen, bei ihnen in Honolulu seien 50 Grad Hitze, und er würde sich freuen, wenn er uns irgendwie behilflich sein könnte. Ernst bedankte sich für die freundlichen Worte.

In Honolulu waren es also 50 Grad. Bei uns war es am 29. Juli ein klein wenig kälter geworden – null Grad. Es taute nicht mehr so stark, was für uns weniger unnütze Arbeit bedeutete. Zumal einer in unserem Kollektiv arbeitsunfähig war. Nämlich ich, der Leiter der Station.

Ich hatte Schnee auf das Zelt geschippt. Die Schaufel war groß, der Schnee feucht und klumpig – eine richtige Schinderei. Auf einmal spürte ich Stiche im Ellbogen, dann folgten heftige Schmerzen. Schirschows Diagnose lautete:

„Bänderzerrung. Da muß Jod drauf. Bis es wieder in Ordnung ist, keinerlei körperliche Belastungen, sonst wird es womöglich schlimmer." [...]

Allerdings mußten wir uns, solange wir Tag und Nacht im hellen Sonnenlicht lebten, auf eine schwere Prüfung vorbereiten – auf die Polarnacht. Und dies beizeiten, denn ein, zwei Tage oder eine Woche läßt es sich schon ohne Licht aushalten, Monat um Monat indessen ...

Auf der Eisscholle hatten sich erfahrene Leute zusammengefunden, so daß uns die Polarnacht nicht überraschen konnte. Allerdings war da eine „Kleinigkeit" – früher hatten wir in Holzhäusern mit gutem Ofen überwintert, hatten festen Boden unter den Füßen gehabt. Überdies waren mehr Leute beieinander gewesen, so daß jeder einzelne weniger belastet war. Jetzt hingegen mußten die Tiefen des Meeres trotz Dunkelheit erforscht werden, hieß es im Zelt nicht erfrieren und nicht an den Abgrund unter uns denken. Es würde schwerer werden, wissenschaftliche Untersuchungen anzustellen und die Wirtschaft in Ordnung zu halten. Wir würden mehr Brennstoff für die Beleuchtung brauchen, und die Zylinder würden kaputtgehen. Diesen ganzen Wirtschaftskram „für die Nacht" brachte ich beizeiten in Ordnung. Aber auch die menschliche Seele mußte auf die Nacht vorbereitet werden. Wir tauschten uns aus, wie jeder mit der Polarnacht fertig wurde. Ich gab ganz offen zu:

„Ich weiß nicht, wie es bei euch ist, aber ich möchte zu Beginn der Polarnacht am liebsten immerzu schlafen. Legt man sich hin, ist es dunkel, wacht man auf, ist es dunkel, und beim Arbeiten ist es auch dunkel. Ich muß mich dann richtig zwingen, nach der Uhrzeit zu leben."

„Das kriegen wir schon hin", meinte Krenkel. „Mir macht etwas anderes Kummer. Wir sind ja auf einer Eisscholle und müssen sie die ganze Zeit beobachten. Ohne Licht wird das ganz schön schwierig."

„Wir brauchten eben Katzenaugen", witzelte Shenja trübselig vor sich hin. „Sonst hören wir erst, wenn das Eis bricht. Und finden in der Dunkelheit nicht gleich die Depots, die wir retten müssen."

„Na laßt mal, Jungs, so heiß, wie sie gekocht wird, wird die Suppe ja nicht gegessen. Außerdem haben wir Taschenlampen. Ich bitte euch nur um eines: Geht kein unnützes Risiko ein! Vorsicht und Umsicht müssen oberstes Gebot sein. Schließlich gehört das auch zum wissenschaftlichen Versuchsprogramm – vier Mann während der Polarnacht auf einer Eisscholle. Was meint ihr, ob wir wohl durchhalten?"

„Aber natürlich halten wir durch, Dmitritsch!" pflichtete mir Shenja bei.

Als ich eines Tages zum Depot Nr. 2 kam, traute ich meinen Augen nicht – es war, als hätte dort ein böswilliger Rowdy sein Unwesen getrieben. Der Reservemotor war aus der Perkalhülle gerutscht und in eine Pfütze gefallen. Die Lebensmittelbehälter lagen wild durcheinander. Und überall Wasser, wo man auch hintrat. Ich machte eine neue Stelle ausfindig und schleppte alles dorthin. Es mag verwundern, aber es stimmt tatsächlich – meinen Arm hatte die Sonne kuriert.

Mister Trolleys unterhielt sich am 31. Juli wieder mit Krenkel. Er war in Panikstimmung – die Zeitungen hätten geschrieben, unsere ganze Eisscholle sei getaut und um uns sei es schlecht bestellt. Die Journalisten berichteten, wir würden von weit her Schnee heranholen, um die Zelte damit zu bedecken. Ernst beruhigte den Mann aus Honolulu. Da man sogar auf Hawaii in allen Einzelheiten von uns wußte, mußte die Welt ja großes Interesse für unsere Arbeit zeigen!

Am 1. August hatte Ernst Nachtdienst im Lager. Beim Schein der nicht untergehenden Sonne war er ganz in seine Arbeit vertieft und merkte nicht, daß sich Wesjoly wie toll gebärdete und in einem fort bellte. Der Hund überschlug sich förmlich, aber Krenkel achtete nicht darauf. Dann mußte ihn doch irgend etwas veranlaßt haben aufzusehen, und er schrie:

„Aufstehen, drei Bären!"

Wir drei schliefen. Im Nu waren wir auf den Beinen und flinker als die Soldaten in der Kaserne in unseren Sachen, während Ernst mit dem Gewehr schon nach draußen rannte. Beim ersten Schuß machten sich die Bären aus dem Staube. Der Bär wirkt nur so schwerfällig und plump, in Wirklichkeit kann er sehr schnell laufen. Unser Besuch war eine Bärin mit ihren Jungen. Von der Leine gelassen, jagte Wesjoly ihnen nach, umkreiste sie und bellte. Wir folgten ihm auf dem Fuße, aber alles umsonst. Die Bären waren auf und davon.

Verärgert gingen wir zum Zelt zurück. ‚Das wäre ein schöner Batzen Fleisch gewesen – frisches Fleisch, Schutz gegen den Skorbut', dachte ich bei mir.

Zum Glück sah Ernst die Sache von der lustigen Seite.

„Ihr seid mir schöne Wissenschaftler! Wozu seid ihr eigentlich hier – zum Jagen oder um der Wissenschaft willen? Petja, worauf kommt es dir nun eigentlich an: auf einen Schaschlyk aus Bärenfleisch oder auf die Tatsache, daß sich die Bärin mit ihren Kinderchen so weit verlaufen hat? Da haben wir eine Entdeckung gemacht, und was tun einige – stellen den Magen über die Wissenschaft! Es lebe die Wissenschaft, nieder mit der Jagd!"

Zugegeben, mir stand der Sinn in jenem Augenblick wirklich am allerwenigsten nach einer Entdeckung. Ich brauchte vier, fünf Zentner Frischfleisch. Die Bärin mit ihren Jungen half uns, endgültig Nansens Schlußfolgerung zu widerlegen, die hohen Breiten seien eine Zone ohne Leben. Wir hatten Schneeammern und Eissturmvögel gesehen. Sicher, sie konnten von weither herbeigeflogen sein. Aber die Bärin hatte ihre Jungen bei sich, die noch klein waren. Das bedeutete, sie waren auf dem Treibeis zur Welt gekommen. Bei der Schnelligkeit, mit der sie vor uns geflüchtet war, und der Größe, die sie hatte, konnte die Bärin auf keinen Fall Hunger leiden. Demzufolge gab es auch Robben.

„Nunmehr steht fest, daß es im Zentrum des Polarbeckens Lebewesen gibt", resümierte unser Hydrobiologe Pjotr Petrowitsch Schirschow die ganze Geschichte.

Der 1. August war ein schwerer Tag. Die Eisscholle trieb bald nach Norden, bald nach Nordosten. 21 Kilometer an einem Tag! Wenn sie nicht bald abbremste und in ihrem Galopp nachließ, fielen unsere Pläne, mindestens ein Jahr auf der Scholle zuzubringen, kopfüber ins Wasser.

Aus Moskau kam ein Grußtelegramm vom Internationalen Geologenkongreß. Aber die Botschaft bezweckte mehr – da war zwar von Lob die Rede, aber noch mehr davon, was alles von uns erwartet wurde.

Unsere Funkverbindung lief über mehrere Stationen – von Dickson zur Rudolfinsel und von dort zu uns. Die polaren Funkstürme hatten die

Verbindung zwischen der Rudolfinsel und Dickson unterbrochen. Wir wußten, daß sich auf Dickson eine Menge Telegramme für uns angesammelt hatten, die uns nicht erreichen konnten.

Dafür gab es eine andere Freude – auf der Langwelle bekamen wir den Kominternsender herein. Pioniere lasen ein Gedicht, baten darum, ihnen doch wenigstens einen weißen Fleck auf der Karte übrigzulassen. Jeder von uns fühlte sich in dem Moment in seine Kindheit zurückversetzt.

Am 3. August erblickte ich eine Bartrobbe. Ein Prachtexemplar, das bestimmt seine 20 Pud wog. Und wiederum ging ich, statt mich über die neue Entdeckung zu freuen, die bestätigte, daß es im Meer Leben gab, auf die Jagd. Zusammen mit Petrowitsch ließ ich das Paddelboot zu Wasser und versuchte, den unerwarteten Gast zu erlegen. Mich interessierte dabei dessen Fleisch und Fett, Petrowitsch hingegen vor allem der Mageninhalt. Doch die Bartrobbe glitt ins Wasser zurück und ward nicht mehr gesehen, Dafür gewahrten wir eine umgekippte Eisscholle mit einer Menge Algen. Eine Bereicherung für unsere Sammlungen. [...]

Petrowitsch beschloß, mit zwei Meßflügeln die Strömungsgeschwindigkeit des Wassers und die Driftgeschwindigkeit zu untersuchen. Den einen Flügel ließ er mehrmals in 400 Meter Tiefe hinab – er hatte den Eindruck, daß mit dem Instrument etwas nicht stimmte. Erst am 16. August fand er heraus, warum die Geschichte nicht funktionierte.

„Begreifst du, Dmitritsch“, redete er mit Feuereifer auf mich ein, „wenn das Eis zu schnell driftet, tritt in einer Tiefe von fünfzig bis siebzig Metern eine rückläufige Strömung auf. Stell dir doch bloß mal vor, unsere Eisscholle würde auf diese Tiefe absinken, dann triebe es sie schnurstracks zum Pol zurück.“

Ich nickte und meinte:

„Ja, ja, schnurstracks zum Pol zurück.“

Petrowitsch wurde böse:

„Meine Güte, hast du ein Gemüt, Dmitritsch, der reinste Dickhäuter! Das ist doch eine Entdeckung!“ [...]

Die Geschwindigkeit, mit der die Eisscholle sprintete, bereitete uns ernsthaft Sorgen; sie war mit einer Nachbarin zusammengestoßen, so daß diese sich aufgebäumt hatte und die Eisblöcke die Höhe eines dreigeschossigen Hauses erreichten. [...] Der plötzlich aufgekommene Sturm hielt lange an und wehte Flugplatz und Depots, die hydrologische Wuhne und die Küche zu. Das Schneetreiben hörte erst nach mehreren Tagen wieder auf, und ich sah mich gezwungen, „Archäologie“ zu betreiben, nämlich unsere Wirtschaft wieder auszugraben. Indessen war ein Jubiläum herangerückt – 100 Tage auf der Eisscholle. Ich schrieb einen Beitrag für die „Prawda“ darüber und zog ein bißchen Bilanz.

Die Auswertung nahmen wir nicht allein für die Presse vor. Sobald eine günstige Gelegenheit war, versuchten wir, die wissenschaftlichen Ergebnisse zusammenzufassen und sie an die jeweiligen Instanzen weiterzuleiten.

Wir sahen die Dinge nüchtern. Unsere Eisscholle wurde die ganze Zeit gepreßt, eine Spalte war bis an unser Zelt herangekommen, in dem am 1. September eine Temperatur von plus drei Grad herrschte.

Und die Eisscholle, dieses riesenhafte Ungetüm von vielen Millionen Tonnen, wurde langsam, aber sicher kleiner.

Die fortwährende Feuchtigkeit machte sich bemerkbar – wir bekamen Rheumatismus.

In mein Tagebuch schrieb ich:

„Doktor Nowodershkin (von der Rudolfinsel), dem wir die rheumatischen Erscheinungen schilderten, gab uns über Funk viele Ratschläge. Er empfahl, vor dem Schlafengehen heiße Bäder zu nehmen und hierauf die Gelenke mit Ichthyolsalbe von bestimmter Mischung einzureiben. Auch sollten wir mit Handschuhen schlafen und die Arme am Morgen in Spiritus waschen, in dem Seife aufgelöst ist. Was gibt es doch für naive Menschen! ...

Wir antworten dem Arzt auf unsere Weise: ‚Erstens fehlt uns eine Wanne, zweitens ist die Salbenzusammensetzung unklar, drittens, sollten wir Alkohol entdecken, und sei es auch nur Spiritus, so werden wir ihn innerlich anwenden ...‘“

Wir freuten uns, als es Winter wurde, als wir am 2. September minus zwölf Grad hatten, denn mit dem Wasser war es nun vorbei. Die Zeit der Schneebauten begann. Wir verwendeten nassen Schnee, aus dem wir Eisziegel fertigten. So errichteten wir eine prachtvolle, geräumige Küche. In den nächsten Tagen würden wir das Wohnzelt winterfest machen und die Eiderdaunenhülle darüberziehen. Dann wollten wir Zelt und Eishaus unter ein gemeinsames Dach bringen und die Eröffnung der Wintersaison auf der Station „Nordpol“ festlich begehen.

Anfang September hatten wir Tag für Tag beinahe die ganze Zeit über Dämmerung, die Sonne stand nur noch niedrig am Horizont. Die Eisbänke warfen lange blaue Schatten. Bald würde die Polarnacht da sein.

Wir schnürten das Zelt auf, nahmen den Überzug ab, packten die Eiderdaunenhülle aus, zogen sie über die Zeltwände, spannten die Zeltplane über das Ganze und verschnürten das Zelt rasch wieder. Dann holten wir die Felle hervor und breiteten sie über Sperrholz und Gummi. Auf den Rentierfellen stellten wir die Betten auf, wir befestigten den Funktisch und brachten die Geräte unter.

Damit waren wir in unserem Winterquartier. Krenkel witzelte: „Mit der Sommerfrische ist es vorbei."

Wir bereiteten das Essen und ruhten uns zum ersten Mal im winterfesten Zelt aus. Das heißt, eigentlich ruhten wir uns nicht aus, sondern prüften, ob unsere Behausung, oder wie wir sie scherzhaft nannten, das „Zentralhaus am Nordpol", auch warm war.

Wollten wir nun ins Wohnzelt, mußten wir durch den Windfang und die Küche gehen. Im Windfang zogen wir die Filzstiefel aus.

Wir zündeten die Petroleumlampe an, die nun Tag und Nacht brennen würde, bis die Polarnacht vorbei war. Ich mußte nebenbei die vakante Stelle eines „Nordpollampenwärters" übernehmen.

Gegessen wurde inzwischen schon in der neuen Küche. Dort war viel Platz. Über dem straff gespannten Dach fauchte der Wind. Die Eiswände boten vortrefflichen Schutz gegen den Wind, der Boden war mit Sperrholz ausgelegt. In der Küche installierten wir den Lautsprecher.

Nach dem Essen räumte ich auf und brachte Regale an, indem ich Bretter in den Eiswänden einfrieren ließ. Ich stellte das Küchengeschirr darauf, hängte die Lampe auf und machte den Windfang sauber. Damit befand sich unsere Küche in einem so mustergültigen Zustand, daß jede Hausfrau neidisch geworden wäre. Schließlich stellte ich noch zwei Brennstoffbehälter für die Petroleumkocher und für die Lampe in die Küche.

An einem Septembertag, genauer gesagt am 13., geriet Petrowitsch in große Aufregung, weil er meinte, ihm sei vielleicht ein Fehler bei der Tiefenmessung unterlaufen. Das Gerät zeigte 3767 Meter an, während es 32 Meilen weiter nördlich 526 Meter tiefer gewesen war. War das Meer „seichter" geworden? Es war das erste Anzeichen für einen Unterwassergebirgskamm, den die Wissenschaftler dann später untersucht haben.

Was Petrowitsch da sagte, interessierte uns, und wir kommentierten es ausführlich. In unserer Eiderdaunenhütte brannten zwei Lampen – sie gaben regelrecht Hitze ab. Zumindest während wir schliefen, brauchten wir keinerlei Frost zu fürchten. Der Mensch ist ja in der Regel Optimist. Wir wollten einfach glauben, daß die Eisscholle keine Dummheiten machen und der Wind friedlich sein würde, daß der Frost ein bißchen Erbarmen mit uns hätte. Kaum träumten wir so vor uns hin, erhielten wir von Petrowitsch eine kalte Dusche.

„Während der Messung schwankte der Wasserstand im Eisloch – irgendwo muß eine starke Eispressung sein. Obwohl kein Wind weht, ‚küssen' sich die Eisschollen."

Pjotr Petrowitsch hatte herausgefunden, was es mit der bei der Drift entstehenden Gegenströmung auf sich hatte. Es stellte sich heraus, daß bei der Eisdrift nur eine relativ dünne Oberflächenschicht Wasser bis zu 25, 35 Metern Stärke mitgeführt wird. Unter dieser Schicht tritt in einer Tiefe von 50 bis 70, häufig auch bis zu 100 Metern eine rückläufige Strömung auf. Schirschow hat genau verfolgt, wie diese Gegenströmung entsteht, welche Geschwindigkeit sie aufweist und wie lange sie anhält.

Winter und Dunkelheit machten inzwischen ihr Recht geltend. Am 19. September betrug die Temperatur minus 26 Grad. Wir kamen zu dem Schluß, daß sich das rauhe Klima Grönlands auswirkte.

Alle zogen ihre Pelzkombinationen an. Mit dem Fotografieren war es vorbei, der Filmapparat wurde für lange Zeit, bis zu den kommenden hellen Tagen, beurlaubt. Wir gewöhnten uns an das gelbliche Licht der Petroleumlampen. Nur hin und wieder lugte die Sonne für ganz kurze Zeit hervor. Dann bestimmte Shenja eiligst die Koordinaten unserer Station.

Pjotr Petrowitsch lernte zielstrebig Englisch. Jeden Tag trieb er vor dem Schlafengehen eine Stunde lang seine Studien.

Shenja fror in die Wände des Eisobservatoriums Holzregale ein und baute ein paar Eissockel, um zusätzliche Instrumente aufstellen zu können. Er machte sich den ganzen Tag im Observatorium zu schaffen und brachte sein kompliziertes Reich endgültig in Ordnung. Alles, was er nicht benötigte, gab er mir zur Aufbewahrung im Depot.

Auch ich verstaute meine Ausrüstung im Depot und machte die Schlitten frei, denn sie sollten einsatzbereit sein, falls es zu einer Eispressung kam.

Das Jubiläum unseres viermonatigen Aufenthaltes auf der driftenden Station „Nordpol“ begingen wir auf unsere Weise – wir wuschen uns und zogen uns um.

Anschließend hörten wir im Radio die Nachrichten. Es war wohltuend – in Moskau dachte man an uns, sandte uns Grüße, die Herzlichkeit, Anteilnahme und Liebe ausstrahlten.

Wir hörten Michail Wodopjanow sprechen. Er berichtete, daß man sich in allen Städten des Landes nach uns erkundigte.

Pjotr Petrowitsch opferte zu Ehren des Festtages 150 Gramm von dem aus Kognak gewonnenen Sprit, von dem er übrigens nur noch sehr wenig hatte.

Wir wünschten uns gegenseitig, daß die Drift ein glückliches Ende nehmen möge.

Diese kleinen Freuden, die auf dem Festland so gar keine Rolle spielten, hatten ihren Reiz. Sie brachten Abwechslung in unser zwar restlos ausgefülltes, im großen und ganzen aber doch eintöniges Dasein, das jeden Tag mit dem Wort „Arbeit“ anfing und endete.

Ein Faulpelz war ich mein Lebtag nicht, denn ich kann es einfach nicht ertragen, nichts zu tun. Trotzdem möchte ich sagen, daß ich so müde und kaputt wie auf der Eisscholle wohl nur noch während des Krieges gewesen bin.

Am 26. September berechnete Shenja, daß wir uns auf 85 Grad 33 Minuten nördlicher Breite befanden. Als Ernst unsere Koordinaten zur Rudolfinsel durchgab, wunderte man sich dort.

„Wo wollt ihr nur so eilig hin?"

An einem der letzten Septembertage trat ich aus dem Zelt und erkannte das Lager nicht wieder. Die Eisscholle war von Schneewällen überzogen und erinnerte an ein Meer, das im Augenblick höchsten Wellengangs erstarrt ist. Depots und Zelte waren zugeweht.

Im Radio hörten wir ein Konzert mit Jakow Sak aus dem Großen Saal des Moskauer Konservatoriums. Der Empfang war gut.

„Jetzt, während der Polarnacht, werden wir alle Sender besser bekommen", bemerkte Ernst.

Abwechslung in unser Leben brachte der Umstand, daß wir uns in einem Zweitberuf betätigten. Ernst ließ Shenja immer häufiger die Wetterberichte durchgeben und auf Empfang gehen. Natürlich ging dabei alles ein bißchen langsamer, aber dafür hatte Ernst ein erfolgversprechendes Double.

Überhaupt brachte Theodorytsch seine Bildung an den Mann – Shenja unterwies er im Funken, mich im Schachspiel. Zudem lieferte er ganz ausgezeichnete Politinformationen, denn bei ihm gingen Nachrichten aus den verschiedensten Ländern und von den unterschiedlichsten Funkamateuren ein.

Krenkels Lorbeeren ließen Shenja keine Ruhe. Er machte mir Lust auf astronomische Beobachtungen, nicht von ungefähr hatte ich das ja auf dem Festland gelernt. Er selbst legte eine Leitung zum Observatorium und installierte dort ein Mikrofon. So bekamen wir eine Verbindung zum Wohnzelt. Damit trat eine Arbeitsteilung ein – er stellte die Beobachtungen an und diktierte uns die Ergebnisse, die wir festhielten. Bei dem Frost war das nämlich schwierig, die Finger wurden im Handumdrehen steif.

Am 4. Oktober sahen wir die Sonne zum letzten Mal. Von da an herrschte die Polarnacht.

Ich kann nicht sagen, daß wir uns besonders darüber gefreut hätten, aber auch die Drift in der Polarnacht gehörte eben zum wissenschaftlichen Programm.

Bei schwachem Lichtschein lief ich die Eisscholle ab und inspizierte unsere „Besitzungen".

Die Heimat bereitete sich auf ein Ereignis von historischer Tragweite vor – auf die ersten Wahlen zum Obersten Sowjet der UdSSR.

Wir hörten Rundfunksendungen und vernahmen bekannte Namen, wie Stachanow und Kriwonos, die als Deputierte vorgeschlagen worden waren. Von der Rudolfinsel berichtete uns Mark Iwanowitsch Scheweljow, wie die Wahlen vonstatten gehen würden.

Wir fragten:

„Und wie wird das mit uns, Mark? Zu welchem Wahlkreis und Wahlbezirk gehören wir, wo sind wir eingetragen, wann bekommen wir die Wahlscheine?"

„In bezug auf euch sind noch keine Weisungen eingegangen."

„Dann frag nach!"

„Wird gemacht. Aber da ist noch etwas: ‚Wetschernaja Moskwa' bittet euch um einen Artikel. Sie bereiten eine Sonderrubrik vor – ‚Aus dem Leben glücklicher Menschen'."

Einverstanden, zu dieser Kategorie gehörten wir.

Am 31. Oktober fiel mir Ernst derart um den Hals, daß ich um mein Leben bangte.

„Dmitritsch, Petrosawodsk hat dich als Kandidaten für den Nationalitätensowjet nominiert!"

Mir war, als hätte ich Arme und Beine aus Watte. Die Freunde begriffen, in welcher Verfassung ich mich befand, und gratulierten mir sehr herzlich.

Dann wurde uns das offizielle Dokument, der Beschluß der Wahlkommission des Wahlkreises der Stadt Petrosawodsk zu den Wahlen für den Nationalitätensowjet, durchgegeben. Den langen Funkspruch mit dem Beschluß las Ernst besonders feierlich vor.

Bald darauf wurden auch Fjodorow, Krenkel und Schirschow als Abgeordnete des Volkes nominiert. Wie wir uns einer für den anderen freuten, braucht wohl nicht gesagt zu werden.

Für uns allerdings entfiel die Stimmabgabe. Die Wahlordnung sah vor, daß nur auf den Polarstationen Wahlbezirke gebildet würden, wo mindestens 25 Wähler überwinterten.

Wir sandten ein Telegramm nach Moskau: „Leben und freuen uns mit dem ganzen Sowjetvolk, mit unserem gesamten Heimatland." Nachdem wir wußten, daß wir alle Deputierte waren, schickten wir Danktelegramme an die Wähler.

Die Eisscholle machte es uns unmöglich, unsere Stimme abzugeben und die erste Tagung des Obersten Sowjets der UdSSR mitzuerleben, die im Januar 1938 eröffnet wurde. Am 14. Januar nahm Ernst ein Glückwunschschreiben der Deputierten aus dem Kreml auf. Es war an uns vier sowie an Ilja Masuruk und Mark Scheweljow gerichtet: „Uns trennen Tausende von Kilometern voneinander. Doch wir sind bei Euch, liebe Freunde, und Ihr weilt jetzt unter uns. Wohin es den Sowjetmenschen auch immer verschlagen mag, in die Arktis, in die Taiga oder auf ferne Meere, er wird stets zu der in Eintracht lebenden Familie der Völker unserer Heimat gehören."

Wir sandten sogleich eine Antwort: „In Erfüllung des Auftrages von Partei und Regierung setzen wir in diesen freudvollen Tagen unsere Arbeit auf dem Treibeis fort. Aber zusammen mit dem ganzen Volk sind wir mit unserem Denken und Fühlen im Herzen unseres großen Landes." [...]

Mitte Oktober drifteten wir bereits südlich vom 85. Breitenkreis. Das stimmte völlig mit unseren Mutmaßungen überein, die darauf hinausliefen, daß wir nach fünf Monaten Drift fünf Grad südlich von unserer Landungsstelle, dem Nordpol, sein würden.

Vorhersage für „Overlord“

Die wichtigste Wetterprognose der Geschichte war die Vorhersage für Montag, den 5. Juni 1944, im Ärmelkanal. An diesem Tag sollte die Operation „Overlord“ beginnen – die Invasion der alliierten Truppen in der Normandie und damit die Befreiung Frankreichs im Zweiten Weltkrieg. Es ist das bleibende Verdienst der Meteorologen, dass das größte Landungsunternehmen der Militärgeschichte um einen Tag verschoben wurde und damit nicht im Sturm unterging. Die Beteiligten haben allerdings von den Ereignissen abweichende Darstellungen hinterlassen; wir wählen hier die Version des Chefmeteorologen beim Obersten Befehlshaber, General Eisenhower, der in Southwick House bei Portsmouth residierte. Der Brite James Martin Stagg hatte die wenig beneidenswerte Aufgabe, die Vorhersagen von drei verschiedenen Wetterdiensten – des Britischen Wetteramts in Dunstable, der Admiralität in London sowie der US-Heeresflieger in Widewing – so aufeinander abzustimmen, dass General Eisenhower eine einheitliche Entscheidungsgrundlage vorgelegt werden konnte. Nur war seit Anfang Juni das Wetter auf dem Atlantik so unruhig, wie es im Sommer noch nie beobachtet worden war, und die drei Wetterdienste produzierten weit voneinander abweichende Vorhersagen. 1944 gab es noch keine Wettersatelliten; wenn die Meteorologen einen Luftdruckwert aus einem bestimmten Gebiet des Atlantiks benötigten, mussten sie ein Schiff dorthin schicken. Staggs Bericht setzt am späten Vormittag des 4. Juni ein, ein Tag, bevor die Invasion hatte beginnen sollen und dann durch seine Intervention abgesagt worden war. Stagg und sein US-amerikanischer Stellvertreter Yates haben bis zum Sonnenaufgang gearbeitet und wachen am späten Vormittag wieder auf:

Als Yates mich zwei oder drei Stunden später weckte, war das Zelt zu meinem Schrecken heller als beim Einschlafen. Wir krochen hinaus und fanden einen beinahe wolkenlosen Himmel und nur eine leichte Brise vor – wir wussten beide, dass es nach unserer Vorhersage bereits bedeckt mit Windstärke 4 hätte sein müssen. Was war schief gelaufen? Hatten wir den Obersten Befehlshaber in eine katastrophal falsche Entscheidung gelotst? Yates, der immer stärkere Nerven als ich hatte, versuchte mich zu trösten: „Wissen Sie, wir sind im Wald. Wir sind vor Wind geschützt, aber schauen Sie: Da *sind* Wolken, die aus Westen kommen, und die Baumkronen bewegen sich. Ziehen wir uns an und frühstücken.“ Der Gedanke, den verschiedenen Stäben im Southwick House gegenüber treten zu müssen, während Overlord angehalten worden und der Himmel immer noch klar war, ließ Übelkeit in mir aufsteigen, aber Yates gewann wieder einmal die Oberhand, und als wir ankamen, der Himmel sei gepriesen, hatten die Wolken zugenommen und sanken schnell ab. Die Bäume schwankten im Wind; im Freien musste bereits gut Stärke 4 herrschen. Das Gefühl der Erleichterung war nicht auszudrücken.

Ich war unfähig, still zu sitzen oder zu stehen bis die lokalen Seewetterkarten gezeichnet waren, und da ich verzweifelt eine unabhängige Bestätigung brauchte, dass eine Sturmfront unterwegs war, rief ich Robinson an. „Ja, eine Kaltfront ist von irgendwoher aufgetaucht: Sie hat schon Irland überquert und bewegt sich schnell nach Osten." Weiter sagte er, dass die US-Meteorologen in Widewing, deren Karten er gerade gesehen hatte, eine stürmische Nacht erwarteten. Obwohl ich wusste, dass dies die Landungsschiffe und ihre Besatzungen, die gerade in die Häfen am südwestlichen Kanal zurückkehrten, gefährden musste, waren Robinsons Neuigkeiten Musik in meinen Ohren.

Er erklärte noch die Unsicherheit, die er am Ende der frühen Morgenkonferenz ausgedrückt hatte. „Ihre Vorhersage für den Obersten Befehlshaber", sagte er, „betonte zu sehr die Wolken und zu wenig den Wind." Wie Krick in Widewing, nur nicht im selben Ausmaß, erwartete Robinson, dass der Druck nicht so sehr über Frankreich wie quer über Südengland fallen werde: Der Wind im Kanal würde eine erhebliche Südkomponente haben und so die Wolken entlang der französischen Küste reduzieren. Am Morgen um 4.10 Uhr hatte er wenig Gelegenheit gehabt zu erläutern, was er meinte. Weil ich fälschlich – wie sich jetzt herausstellte – angenommen hatte, dass seine Meinung zu sehr von den Meteorologen in Widewing, von denen er seine Wetterdaten und -karten bezog, beeinflusst wurde, war ich Robinson genauso dankbar für die Erklärung wie für die Nachrichten von der heranrückenden Front. Für mich war es nicht so wichtig, ob ich nun die Wolken auf der französischen Seite überschätzt hatte. Obwohl die Entscheidung zur Verschiebung gefällt worden war, weil die vorhergesagten Wolken die der Landung vorausgehenden Bombardements zu sehr behindert hätten, hätten auch die west- bis nordwestlichen Winde, die wahrscheinlich hinter der neuen Kaltfront herrschten, den Angriffstruppen auf den Stränden übel mitgespielt. General Eisenhowers Entscheidung stellte sich also als richtig heraus, wenn auch aus einem anderen, zusätzlichen Grund – vorausgesetzt, und das war im Moment eine große Einschränkung, er konnte die Verschiebung heute Nacht oder Montagfrüh aufheben.

Als ich an diesem Nachmittag die erste Skizze der 13-Uhr-Karte (siehe Abbildung) sah, waren alle noch vorhandenen Zweifel, ob die Entscheidung gerechtfertigt gewesen war, verschwunden: Der Oberste Befehlshaber und seine Kommandeure würden die Beweismittel bald selbst sehen –

und spüren. Nichts konnte die Kaltfront mit tiefen Wolken, Wind und Regen, die später am Tag oder in der Nacht durch Portsmouth ziehen würde, aufhalten. Und das war nicht das Einzige, was ich aus der Karte erfuhr. Es begann so auszusehen, als ob im mittleren Atlantik ein Tief – vielleicht L6 [Tiefs werden im Englischen mit *L* für *low* bezeichnet] – stärker und so groß geworden war, dass es langsamer ostwärts voran kommen würde.

Wenn dies zwischen der Passage der Kaltfront und dem Herannahen des Tiefs geschehen würde, konnte es ein Zwischenspiel besseren Wetters geben, und wenn dieses Zwischenspiel lange genug währte und zur richtigen Zeit passierte, konnte es gerade die beiden kritischen Angriffswellen bei Morgengrauen und in der Abenddämmerung am selben Tag ermöglichen, und dieser Tag konnte Dienstag sein. Würde der Feind diese Möglichkeit erkennen? Wenn er die ursprünglichen Bewegungen von Overlord mit seinen Aufklärungsflugzeugen erspäht hatte, dann hatte er vielleicht auch die Wetterbedingungen, unter denen sie zurückgenommen worden waren, erkannt. Aber wie dem auch war, er würde sicherlich nicht erwarten, dass die Invasion in einer Periode so unruhigen Wetters begonnen würde. Ja, wenn sich das so entwickelte und der Oberste Befehlshaber überzeugt werden konnte, den Vorteil zu nutzen, dann konnte die Unterbrechung vom Himmel geschickt worden sein.

Yates war an diesem Nachmittag wie ausgewechselt. Normalerweise war er fröhlich und verbreitete gute Laune, und ich hatte ihn seit drei oder vier Tagen nicht mehr lächeln gesehen. Jetzt lächelte er wieder, und wir diskutierten die neue Lage. Er stimmte zu, dass eine Periode mit gutem Wetter wahrscheinlich sei – windig, das schon, aber nicht mit zu vielen Wolken nachdem die Front vorbei wäre. Aber er hielt nicht viel von ihrem möglichen taktischen Wert für General Eisenhower. „Die Aufklärung des Feindes ist gut." Ich nahm das als Wink, dass seiner Meinung nach es mein Job – und im Moment auch sein Job als Soldat – war, das Wetter zu beobachten und den Obersten Befehlshaber und seine Mitarbeiter daraus ihre eigenen taktischen Schlüsse ziehen zu lassen. Das war ein guter Rat, den ich mir übrigens schon selbst gegeben hatte, als ich in den vergangenen Wochen die taktischen Konsequenzen überdacht hatte.

Aber es setzte voraus, dass unsere militärischen Vorgesetzten die einzigartige Gelegenheit, die ihnen die meteorologische Lage vielleicht bot, genauso gründlich erkannten, wie sie sich mit ihren eigenen militärischen Problemen beschäftigten. Wie dem auch sei, wenn am Abend die Unterbrechung mit günstigem Wetter immer noch genauso wahrscheinlich erschien wie jetzt am frühen Nachmittag, und wenn es genügend bei der Vorhersage für den Obersten Befehlshaber herausgestellt wurde, dann würde sie auch ohne unsere Nachhilfe wirken.

Da noch ein wenig Zeit blieb, bevor die Nachmittagskonferenz beginnen sollte, ging ich hinaus in den Southwick Park und wanderte ziellos durch den Wald Richtung Ports Down. Inzwischen war der Himmel beinahe bedeckt, obwohl die tiefliegenden Stratuswolken von Zeit zu Zeit aufbrachen und der Wind stark war. Ich musste ständig an die riesige Schiffsflotte im Hafen von Portsmouth gleich auf der anderen Seite des Down denken. Und die anderen an den Küsten von Devon und Cornwall, die Landungsboote voller Truppen? Wie weit hatten sie sich aus ihren Häfen entfernt, bevor sie zurückgerufen worden waren? Ich hatte keine Gelegenheit gehabt, das Lagezentrum zu besuchen, um den Fortschritt der Schiffe zu verfolgen, und erst jetzt kamen mir die Folgen unserer Vorhersagen für das Leben Tausender von Soldaten und Matrosen voll zu Bewusstsein. Ich hatte die unmittelbaren Folgen der Entscheidungen von General Eisenhower in Form der Befehle gesehen, mit denen die Operation gestoppt worden war. Aber in meiner Vorstellung war ich ihnen bis jetzt noch nicht bis zu den dicht besetzten Booten gefolgt, die jetzt gnadenlos auf dem Meer vor Südwestengland bei dem Versuch auf und ab tanzten, wieder einen sicheren Ankerplatz zu finden. Ich war erleichtert, als ich merkte, dass die 16.30-Uhr-Konferenz bald beginnen sollte.

Petterssen eröffnete die Konferenz mit den Worten, „die Lage entwickelt sich wie wir es erwartet haben“, und kaum war er mit seiner Vorhersage fertig, widersprach Krick für Widewing Petterssens einleitender Bemerkung und fuhr fort: „Im Gegenteil ist die Situation bestimmt nicht so, wie es Dunstable erwartet hat; sie hat sich vollkommen in dem Sinne verändert wie wir es aus Widewing vorgeschlagen hatten.“ Und so ging es weiter. Aus meinem eigenen Studium der 13-Uhr-Karte (siehe Abbildung)

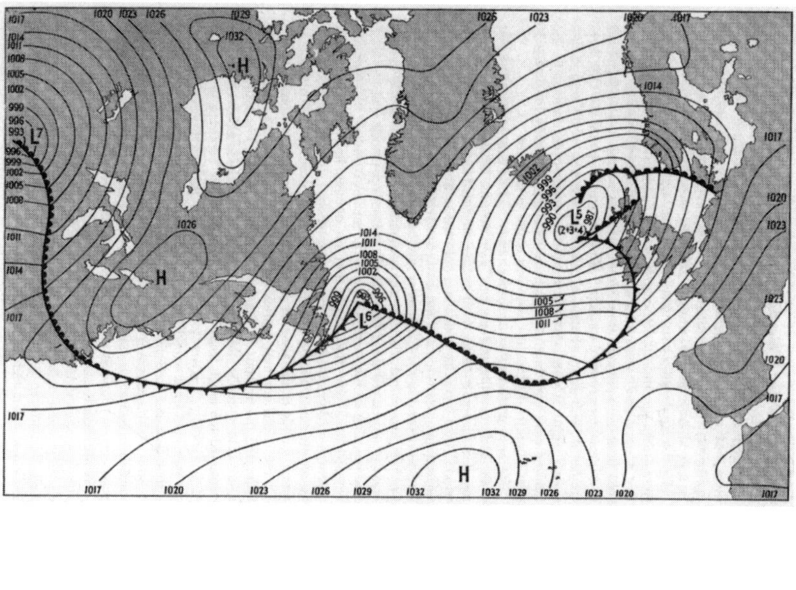

Wetterkarte für 13:00 Uhr Greenwich Mean Time, 4. Juni 1944

bevor die Konferenz begann, dachte ich, sie würde kurz und fröhlich verlaufen: Ich hätte mich nicht stärker irren können. Von allen Konferenzen war dies die explosivste und längste: Sie dauerte über zwei Stunden lang.

So wie ich die Wetterkarte sah – das heißt, mit den Augen des Obersten Befehlshabers, dem der aufgeschobene Overlord ständig im Kopf herum gehen musste –, schien sie nur drei oder vier dominierende Besonderheiten aufzuweisen: das komplexe Tiefdruckgebiet vor Nordwest-Schottland mit der damit verbundenen Kaltfront, die hinunter durch Irland lief und sich dann zurück nach Westen zu einem weiteren Tief (L6) nordöstlich von Neufundland zog – das, sowie die beiden Hochdruckgebiete, eines über Grönland, Kanada und den östlichen Vereinigten Staaten und das andere über den Azoren. Aber über die Zukunft dieser Besonderheiten, sogar soweit sie inzwischen eingetreten war, hatten die Vorhersagezentren gegensätzliche und heftig vertretene Ansichten.

Zu einem großen Teil rührte der Ärger aus der Unsicherheit, wie zuverlässig einige unserer Wetterberichte waren, und auch aus der Interpretation dessen, was tatsächlich über Nacht im Gebiet des nordöstlichen Atlantiks geschehen war: Das ganze Bild war unklar, sogar was die genaue, gegenwärtige Lage der Druckzentren anging, ihr niedrigster Druck und ihre Fronten. Zum großen Teil lag das an einem unglücklichen Umstand. Bei der vorhergehenden Konferenz war ein plötzlicher Unterschied von 20 Millibar in den Berichten von einem Kriegsschiff, das sich in einer einzigartig kritischen Position befand, aufgetaucht. Der Unterschied tauchte im nächsten Bericht wieder auf und war danach verschwunden – jedenfalls dachten wir das. Aber inzwischen war das Schiff weiter südwärts aus dem Gebiet heraus gefahren, sodass es keine Bestätigung geben konnte. So kam es, dass das Vertrauen in die Analyse in einer wichtigen Region von einem Radius von ungefähr vier Grad mit einem Zentrum bei 55° Nord und einem Längengrad von 23 oder 24° West eine Zeit lang verloren ging und diese Unsicherheit pflanzte sich in die folgenden Interpretationen fort. Niemand konnte sich des Drucks innerhalb von 10 oder 15 Millibar sicher sein, ob er stieg oder fiel, und welche Front von welchem Tief diese Gegend durchquert hatte.

Im Lichte dessen, was sich schließlich herausstellte, ist es jetzt leicht zu sagen, dass die Kaltfront, die auf ihrem Weg durch Irland war, zu L3 gehören musste. Im Nachhinein könnte man argumentieren, dass dieses Zentrum sich schnell nach Osten bewegt haben musste und dann von der Zirkulation in dem komplexen Gebiet, das aus der Verschmelzung von L2 und L4 gebildet wurde, absorbiert wurde. Es hinterließ dort ein neues Zentrum mit einer sehr verstärkten Front (L5 in der Abbildung), das über Nacht von den folgenden, starken nordwestlichen Winden vorwärts geschoben worden war. Es wäre leicht auf diese Weise zu argumentieren, obwohl wir es auch heute nicht genau wissen. Für diesen Ablauf musste man annehmen, dass das Tief L3, das von Donnerstag bis Sonntag in seiner Bewegung von Neufundland weg abgebremst worden war, plötzlich eine Geschwindigkeit von 40 Meilen pro Stunde aufgenommen hatte. Diese Art Verhalten war mitten im Winter nicht völlig außergewöhnlich; aber für die erste Juniwoche fiel es ziemlich aus dem Rahmen. Doch die wenigen Belege, die uns vorlagen, liefen darauf hinaus, dass genau das geschehen war.

Die Angelegenheit war von überragender Bedeutung für die Empfehlung, die General Eisenhower an diesem Sonntagabend gegeben werden sollte und damit für das Schicksal von Overlord. Keines der Vorhersagezentren zweifelte daran, dass *eine* Kaltfront, wo auch immer sie herkam, den Kanal über Nacht oder früh am Montag, dem 5. Juni, vollständig überqueren würde: Was jetzt zur Debatte stand, war, ob sich dahinter ein schmaler Hochdruckkeil genügend gut etablieren konnte, um am Dienstag und Mittwoch einigermaßen günstiges Wetter für die Operation bieten zu können. Das hing von der Richtung und der Geschwindigkeit der beiden Hauptluftdruckzentren, dem komplexen L5 und dem sich verstärkenden L6, ab.

Wenn, woran Widewing festhielt, beide sich nach Nordosten bewegten und die sie verbindende Front mitnahmen, dann hatte der Hochdruckkeil Zeit, sich aufzubauen. Dunstable dagegen konnte L6 nur ostwärts wandern sehen mit der Folge, dass, falls sich überhaupt ein Hochdruckkeil ausbildete, er notwendigerweise schwach ausfallen und deswegen die Wolken im Kanal kaum vermindern würde. Die Meteorologen der Admiralität neigten eher der Vorhersage von Widewing zu. Robinson, der immer noch am Verbleib von L3 herumrätselte, fragte, wie in so einer Situation starke Westwinde aufrecht erhalten werden könnten. Sutcliffe wusste es nicht, sagte aber: „Ich bin nicht allzu pessimistisch. Die Wolkenbedingungen sollten am Montag und Dienstag einigermaßen gut fürs Fliegen sein mit einem nicht allzu großen Risiko einer erneuten Verschlechterung am Mittwoch." Und darauf lief am Ende der Konferenz meine eigene Meinung heraus – nicht so düster wie Dunstable, was das wahrscheinliche Auftauchen von vielen Wolken später am Dienstag betraf, aber auch nicht ganz so optimistisch wie Widewing, teilweise unterstützt von der Admiralität, dass ein Hochdruckkeil die Wolkenbedeckung vom späten Montag auf Dienstag vermindern könnte. Niemand prognostizierte Wind als störenden Faktor am Dienstag. Danach konnte alles passieren.

Bevor ich meine nächste Vorhersage vor dem Obersten Befehlshaber um 21 Uhr abgeben sollte, war noch eine weitere volle Konferenz mit allen Experten geplant. Inzwischen war ich mir so sicher, dass wahrscheinlich eine kurze Periode guten Wetters am Dienstag bevorstand, dass ich mich entschied, sofort General Bull davon wissen zu lassen: Falls er es für nötig hielt, konnte er die Information an General Eisenhower weitergeben.

General Bull war äußerst interessiert; aber wie General de Guingand, den er mich bat ebenso zu informieren, schien er unsicher zu sein, ob der Oberste Befehlshaber die kurze Periode nutzen konnte. „Die Streitkräfte, die bereits ausgelaufen sind, kehren jetzt in die Häfen zurück, und es könnte sein, dass sie nicht wieder umkehren können, um so früh das gute Wetter zu nutzen.“ Ich war erschrocken, das zu hören, und wollte fragen: „Was für einen Zweck verfolgte dann der Beschluss, über die Verschiebung jeden Tag neu zu entscheiden. Und vor allem: Wenn es am Dienstag nicht losgeht, wann denn dann?“ Aber ich überlegte es mir anders: Wer war ich, den Generälen Fragen zu stellen? Und vielleicht hatten sie doch Recht, diese neue Information skeptisch aufzunehmen: Die Vorhersagen hatten in den vergangenen Tagen so wild gewechselt, dass sie vielleicht Grund genug hatten zu denken, sie könnten sich zum Zeitpunkt des nächsten Treffens mit dem Obersten Befehlshaber in ein paar Stunden wieder ändern. Für mich reichte es aus zu wissen, dass einigen aus der Umgebung von General Eisenhower bekannt war, wie wir dachten.

Am Sonntag um 19.30 Uhr wurde die meteorologische Konferenz wieder zusammengeschaltet. Verglichen mit der hitzigen Auseinandersetzung auf den Telefonleitungen früher am Abend war sofort klar, dass die Diskussion diesmal gemäßigter und nüchterner ablaufen würde. Die Hauptgründe für den früheren Dissens waren nun aufgedeckt worden, und jedem war klar, was auf dem Spiel stand. Genau wie wir hatten alle Mitglieder der drei Vorhersage-Teams eine überaus anstrengende Zeit hinter sich, und der Stress der Umstände hatte sich zunehmend auf die Stimmung ausgewirkt. Der Höhepunkt war bei der „vorläufigen“ Konferenz erreicht worden, die erst vor Kurzem zu Ende gegangen war. Sie wussten, dass zu dem Zeitpunkt keine Entscheidung gefällt werden musste, aber diesmal war es anders. Vom Ergebnis dieser Diskussion hing wahrscheinlich ab, ob Overlord mit den ersten und alles entscheidenden Angriffen am Dienstagmorgen wieder anlaufen würde, oder ob die Operation [wegen des Gezeitenkalenders] zwei Wochen lang aufgehalten würde mit allem, was das bedeutete.

Niemand hätte sich für die größte militärische Operation der Geschichte Wetterkarten ausdenken können, die weniger günstig waren als die, die wir am Sonntagabend des 4. Juni vor uns hatten. Zwei Tiefs über dem Nordatlantischen Ozean, eines knapp nordwestlich von Schottland, das andere südlich von Grönland, hatten im Zentrum einen Luftdruck von rund 980 Millibar: beide Phänomene gehörten eigentlich in die Mitte des Winters. Die Atmosphäre über dem ganzen Gebiet des Nordatlantiks war in den vergangenen Tagen so gestört und das Tempo, mit dem sich neue

Zentren entwickelten, so groß gewesen, dass noch nicht einmal jetzt Übereinstimmung zu erzielen war, ob das Tief L3 nun mit L2 und L4 vor Westschottland verschmolzen oder ob es von L6 weiter westlich im Atlantik absorbiert worden war. Was auch immer passiert war und wie auch immer die beiden Tiefs, die L5 und L6 in der Abbildung heißen, entstanden waren, alles hing jetzt davon ab, was wir glaubten, wie sie sich in den nächsten 36 Stunden verhalten würden und in der Folge, was in dem Hochdruckkeil dazwischen geschehen würde.

Wie in der vorangegangenen Diskussion waren alle Meteorologen sicher, dass die stürmische Kaltfront den Kanal während der Nacht oder am frühen Montagmorgen, den 5. Juni, überqueren würde; aber über den weiteren Ablauf waren sie sich genauso uneinig wie früher an diesem Abend. Während Dunstable annahm, dass das komplexe Tief L5 bis zum Dienstag langsam Richtung Norwegen ziehen und L6 ihm genauso langsam auf einer ähnlichen Bahn folgen würde, ließen ihre Analysen Widewing glauben, dass L6, während es Richtung Nordosten zog, abnehmen und am Mittwoch nördlich von Island zu liegen kommen würde. Die Experten der Admiralität unterstützten Widewings Ansichten zur Zukunft von L6, meinten jedoch, dass seine Warmfront den westlichen Kanal am Dienstagnachmittag und sein kaltes Gegenstück am Donnerstag erreichen könnte. Was das alles für die endgültige Vorhersage, die ich bald vor dem Obersten Befehlshaber abgeben musste, bedeutete, war unklar. Vertrauen in die Wetterlage von Montagnachmittag bis in den Dienstag hinein? Ja, angesichts der Umstände ausreichend gut, aber danach tiefe Unsicherheit. Vom Mittwoch bis späten Donnerstag oder Freitag Wind aus Westen, an der französischen Küste wahrscheinlich selten über Stärke 4 – und, wenn man Widewing folgte, häufig unterhalb dieser Grenze – aber die Aussichten für günstige Wolkenbedingungen viel weniger zuversichtlich, wieder mit Ausnahme von Widewing.

Bei dieser Konferenz hatten die Meteorologen aller drei Zentren ihr Bestes gegeben. Niemand hätte anderswo so viel an konzentrierten Gedanken, Einsichten und Erfahrung in die Diskussion einbringen können. Durch eine andere Kombination von Beratern hätte mehr oder Besseres nicht geleistet werden können. Dass das Ergebnis, wie ich es gerade beschrieben habe, so mager erschien und so voller Zweifel steckte, reflektierte die extreme Komplexität und den ziemlich außergewöhnlichen Charakter der Wetterlage zu der Zeit.

Im Vertrauen, dass der Dienstag für die ersten Lande-Unternehmen geeignet war, lag mir jetzt daran, dass die Wetterberater der Oberbefehlshaber sich mit mir über den generellen Tenor der Vorhersage einigten. Am Ende der vollen meteorologischen Konferenz bat ich deswegen die

Wetterzentren Widewing, Dunstable und das der Admiralität, die Telefonkonferenz zu verlassen, während die Berater der Oberbefehlshaber, Yates und ich verbunden blieben. Ich skizzierte, was ich beim Treffen mit dem Oberbefehlshaber sagen wollte, und sie stimmten beinahe ohne Diskussion zu. Jetzt lag es an mir, das Beste der Meteorologen zu geben, sowohl was die Wortwahl, als auch was die Präsentation anging. Zu diesem Zeitpunkt war mir klar, dass, was auch immer ich sagte und wie ich es sagen wollte, ich vor General Eisenhower nicht meine wahren Gefühle über die mehr oder wenig große Unsicherheit verbergen konnte.

Wie bei den vorangegangenen Gelegenheiten der letzten vier Tage – an jenem Sonntagabend des 4. Juni wirkten sie auf mich eher wie vier Monate – versammelten sich die Oberbefehlshaber und ihre höchsten Stabsoffiziere in der Bibliothek, als Yates und ich die Halle von Southwick House um 21.30 Uhr betraten. Wir warteten, bis sie alle eingetroffen waren und wurden sofort hereingerufen. Fleming kam mit. So weit ich bei einem schnellen Blick durchs Zimmer, während es sich die Gesellschaft auf den Sofas und Sesseln gemütlich machte, wahrnehmen konnte, schien sich nichts geändert zu haben: Von der Tür aus gesehen General Eisenhower mit Tedder und Bedell Smith halblinks von mir, rechts die drei Oberbefehlshaber Ramsay, Montgomery und Leigh Mallory General Eisenhower zugewandt, dahinter ihre Stabschefs Creasy, de Guingand, Wigglesworth, Bull und Robb.

„Gentlemen, seitdem ich meine letzte Vorhersage gestern Abend abgegeben habe, haben sich über dem Nordatlantik einige plötzliche und unerwartete Entwicklungen ergeben. Besonders eine starke Front – eine Kaltfront – von einem der Tiefs ist schneller und viel weiter nach Süden geschoben worden, als vorausgesehen werden konnte. Diese Front nähert sich jetzt Portsmouth und wird das Kanalgebiet heute Nacht oder früh am nächsten Morgen überqueren. Nachdem die starken Winde und tiefen Wolken, die mit dieser Front verbunden sind, vorbeigezogen sind, wird es ab Montagnachmittag eine kurze Periode besseren Wetters geben. Die meiste Zeit über wird der Himmel dann nicht zu mehr als zur Hälfte mit Wolken bedeckt sein und die Untergrenze der Wolken sollte nur selten tiefer als 2- bis 3000 Fuß liegen. Die Winde werden gegenüber jetzt erheblich abflauen. Diese Bedingungen werden Montagnacht und bis in den Dienstag anhalten. Nach diesem Zwischenspiel von gutem Wetter werden die Wolken wahrscheinlich im Laufe des Dienstags wieder zunehmen, bis sie in der Nacht von Dienstag auf Mittwoch acht Zehntel bis zehn Zehntel des Himmels bedecken. Vom frühen Mittwoch bis mindestens Freitag wird das Wetter unruhig bleiben – variabler Himmel mit zehn Zehnteln Bedeckung und Wolken bis hinunter auf 1000 Fuß für Zeiträume, die nicht länger als vier bis sechs Stunden anhalten, jedoch unterbrochen von erheblichen Perioden guten Wetters. Der Wind wird die ganze Zeit aus Westen wehen; Stärke 4 bis 5 entlang der englischen Küsten, Stärke 3 bis 4 an den französischen Küsten und wahrscheinlich weniger – Stärke 2 bis 3 – an geschützten Stellen auf jener Seite des Kanals."

Nach einer ziemlich langen Stille stellte Admiral Creasy die erste Frage. „Gibt es irgendwelche Aussichten, dass die Bedingungen von Mittwoch bis Freitag besser sein könnten, als Sie sie uns gerade beschrieben haben?" Ich zögerte, bevor ich antwortete: „Ja, Sir. Es besteht die Möglichkeit, dass das Tief, von dem wir erwarten, dass es am späten Dienstag eine zeitweilige Verschlechterung bringt, weiter nach Nordosten zieht, als wir in der Vorhersage angenommen haben. Wenn das passiert, werden die Wolken- und Windbedingungen günstiger sein als ich angegeben habe." General Eisenhower fragte: „Können Sie irgendetwas über das Wetter über Freitag hinaus sagen?" „Nein, Sir. Das, was gegenwärtig auf dem Atlantik passiert, und die Tatsache – trotz allem, was passiert ist –, dass wir uns jetzt im Juni und nicht im Januar befinden – beides legt nahe, dass wenn sich das Wetter bis Freitag wie erwartet entwickelt, es danach eine gute Chance auf Besserung geben sollte. Aber nach dem ganzen Durcheinander in der Wetterlage, das wir gegenwärtig erleben, kann man nicht erwarten, dass es sich schnell beruhigt: Die Bedingungen müssen weiterhin als sehr unruhig betrachtet werden."

Dann fragte Luftwaffenmarschall Tedder: „Wie viel Vertrauen haben Sie in die Vorhersage, die Sie uns gegeben haben?" „Ich bin ziemlich sicher, dass eine Periode guten Wetters auf die Front heute Nacht folgen wird. Was das Weitere betrifft, kann ich nur wiederholen, dass das Tempo, mit dem sich die Tiefs auf dem Atlantik entwickeln und die Geschwindigkeit ihrer Bewegung für diese Jahreszeit außergewöhnlich gewesen sind. Ich kann mir deswegen nicht sicher sein, dass sich die Lage unmittelbar nach dem Dienstag beruhigen wird. Aber wenn das große und kräftige Tief, das sich jetzt im mittleren Atlantik befindet, abbremst und Richtung Nordosten bewegt, gibt es eine vernünftige Chance, dass sich das Azorenhoch wieder nach Norden ausdehnen wird." Luftwaffenmarschall Leigh Mallory und General de Guingand stellten mir weitere Fragen zur Wolkenbedeckung, die für die Nacht von Montag auf Dienstag erwartet wurde. „Was wollten Sie genau vermitteln, als sie sagten ‚weniger als fünf Zehntel'? Meinten Sie damit, dass ungefähr die Hälfte des Himmel ständig bedeckt sein würde?" „Nein, Sir. Nachdem mit dem Durchzug der Front am Montag die tiefen Wolken verschwunden sind und besonders während der ganzen Nacht vom Montag wird die Wolkenbedeckung die meiste Zeit zwischen null und zwei Zehnteln liegen. Wenn sie auf fünf Zehntel zunimmt, wird das nicht in einer kontinuierlichen Decke geschehen, sondern so unterbrochen, dass der Mond durch die Lücken scheinen kann."

Leigh Mallory fragte: „Haben Sie sich mit meinen Leuten von der Meteorologie in meinem Hauptquartier beraten?" „Ja, Sir, und sie stimmen mit den operationalen Implikationen der Vorhersage, wie ich sie darzustellen gehofft habe, überein – sehr gute Sichtbedingungen für die Bombardements von Montagabend bis in den Dienstagvormittag, gefolgt von guten, gemischt mit schlechten Bedingungen bis Freitag." Admiral Ramsay sprach über die Notwendigkeit, dass seine Flugzeuge die Bombardierung der Küstenanlagen durch schwere Schiffsgeschütze beobachten können müssten und fragte nach der Höhe der Wolken, die in der Nacht von Montag auf Dienstag erwartet wurden. „Die Untergrenze der Wolken sollte nicht tiefer als 2–bis 3 000 Fuß liegen."

Wir warteten, falls es weitere Fragen zum Wetter geben sollte, während General Eisenhower die Lage mit den Kommandeuren zu diskutieren begann. Die Stimmung war angespannt und ernst.

Admiral Ramsay sagte: „Eins sollte zu Anfang klar sein. Wenn Overlord am Dienstag starten soll, dann muss ich in der nächsten halben Stunde eine Vorwarnung an meine Streitkräfte herausgeben. Wenn sie aber wieder auslaufen und wieder zurückgerufen werden müssen, dann kann es am Mittwoch nicht so weiter gehen."

Luftwaffenmarschall Leigh Mallory hatte immer noch Bedenken wegen der Wirkung seiner schweren Bomber. „Unter den Wolkenbedingungen, die uns Stagg angegeben hat, wird es sicher Schwierigkeiten geben, die Markierungen akkurat zu setzen und darunter wird die Bombardierung leiden." Einige seiner Kollegen schienen zu denken, dass das eine unnötig pessimistische Sicht der Dinge war, aber Luftwaffenmarschall Tedder unterstützte Leigh Mallory: „Ja, die Operationen der schweren und der Mittelstreckenbomber werden wahrscheinlich etwas vom Glück abhängen."

General Eisenhower fragte direkt General Montgomery: „Sehen Sie irgendeinen Grund, warum wir nicht am Dienstag starten sollten?" Montgomery antwortete sofort und entschieden: „Nein. Ich würde sagen – *los geht's!*"

Nach einigen weiteren Diskussionen über die möglichen Schwierigkeiten für die alliierten Bomber und die Vorteile für die feindlichen Nachtflieger, falls die Bedingungen für die Abfangjäger schlecht sein sollten, fasste der Oberste Befehlshaber zusammen: „Nachdem ich alle Ihre Ansichten gehört habe, denke ich, dass wir den Befehl für Dienstag geben müssen. Gibt es irgendwelche abweichenden Stimmen?" Zu diesem Zeitpunkt signalisierte mir General Bull mit einem Nicken, dass wir wahrscheinlich nicht mehr gebraucht würden. Wir zogen uns zurück.

In der Halle vor dem Konferenzraum standen kleine Gruppen von Stabsoffizieren aus den drei Waffengattungen beisammen und warteten darauf, was entschieden worden war. Aus einer Seitentür kam ein Marine-Offizier, den ich im Norfolk House als Planer von Admiral Creasy kennen gelernt hatte; er trug ein Bündel Papiere. „Was meinen Sie, wie die Entscheidung ausfallen wird?“ Er erklärte, dass er für alle Eventualitäten Befehle dabei hatte: Sie waren für die sofortige Übermittlung an die Marine vorbereitet, und er wollte die Befehle, die wahrscheinlich benötigt würden, für die Unterschrift von Admiral Creasy bereithalten. Er musste nicht lange warten. General Eisenhower kam beinahe sofort heraus. Bevor er zur Haupttür ging, kam er herüber und sagte: „Nun, Stagg. Wir haben es wieder in Gang gesetzt: Sorgen Sie um Himmels Willen dafür, dass das Wetter so bleibt, wie Sie es gesagt haben, und bringen Sie uns keine schlechten Nachrichten mehr.“ Er lächelte breit und ging hinaus. Kurz darauf kam sein ganzes Gefolge in die Halle. General Bull sagte uns, dass sie sich wieder um 4.15 Uhr am Montag, dem 5. Juni, treffen würden, um die Entscheidung zu bestätigen.

Noch ein Blick auf die Wetterkarte, Telefonanrufe in den Wetterzentren um eine weitere Konferenz für drei Uhr einzuberufen und dann mit Yates zu unserem Zelt im Wald. Durch die Bäume konnten wir sehen, dass der Himmel noch beinahe vollständig mit niedrigen Wolken bedeckt war, und es regnete schwer; der Wind war stark. Einer von uns bemerkte das Paradox: Overlord war aufgeschoben worden, als das Wetter über uns ruhig und klar war; jetzt, bei stürmischem Wind und Regen war die Entscheidung gefallen, weiterzumachen. Aus meteorologischer Sicht hoffte ich, Recht zu behalten, aber in dem Moment muss es auf einige aus der militärischen Begleitung des Obersten Befehlshaber leicht wahnsinnig gewirkt haben.

Übersetzung: Utz Thimm

Truppen der US-Armee landen am 6. Juni 1944 am Omaha Beach (Foto: US-Küstenwache)

Wie der ZDF-Wetterbericht entsteht

Dieter Walch ist Diplom-Meteorologe und moderierte lange den Wetterbericht beim ZDF.

Häufig 70, manchmal 90 und in Ausnahmefällen auch 120 Sekunden – so lange dauert der Wetterbericht. Da stehe ich vor einer Europakarte, zeige auf Hochs und Tiefs, erzähle Ihnen ein bisschen über das Wetter der kommenden Nacht und des morgigen Tages, wie kalt oder warm es werden soll und zum Schluss noch ein kurzer Ausblick auf die nächsten Tage. Das war's dann schon!

Was so einfach aussieht, ist hinter der Kamera konzentrierte Arbeit als Meteorologe, Journalist und Grafiker.

Wenn ich glaube, das Wettergeschehen im Griff zu haben, werde ich vom Meteorologen zum Journalisten. Wie jeder aus eigener Erfahrung weiß, ist das Wetter bei uns in Mitteleuropa sehr wechselhaft oder – positiv ausgedrückt – sehr abwechslungsreich. Wie kann ich diese Vielfalt an Wetterinformationen bündeln, um Ihnen in Flensburg, Dortmund, Cottbus, Mannheim, Nürnberg, Garmisch oder wo auch immer Sie zu Hause sind in den wenigen Sekunden des Wetterberichtes trotzdem noch nützliche Hinweise über das zukünftige Wetter zu liefern?

Die Gegend, wo sich das Wetter gegenüber heute am stärksten ändern soll, wird in den Vordergrund gestellt; die Regionen, in denen das Wetter morgen ohne Besonderheiten einfach vor sich hin plätschert, werden nebenbei in einem Halbsatz erwähnt.

Nun muss ich mich noch als Grafiker betätigen. Da Informationen zu 85 % visuell, d.h. über die Augen, aufgenommen werden, sind klare und eindeutige Wetterkarten enorm wichtig. Das Problem liegt darin, dass das Wetter sowohl räumlich als auch zeitlich sehr stark variiert, also ein 4-dimensionales, sich ständig wandelndes Gebilde darstellt. Und das muss wegen der Kürze der Sendezeit plakativ auf 2-dimensionale Karten reduziert werden.

Wenn ich mit den Ergebnissen zufrieden bin, wird die Reihenfolge der Wetterkarten festgelegt und mit der Stoppuhr getestet, ob ich mit der vorgegebenen Sendezeit auskommen werde. Ein letzter Blick auf die neuesten Wettermeldungen – zum Glück keine Überraschungen –, schnell in die Maske zum Pudern, damit im Scheinwerferlicht die Haut nicht glänzt wie eine Speckschwarte, und dann ab ins Studio.

Zunächst muss ich mir einen Überblick über das vielfältige Wettergeschehen verschaffen. Da meldet Ulm dichten Nebel, auf Rügen scheint die Sonne, in Köln blitzt und donnert es, während das Radar zeigt, dass über der Nordsee dichte Wolken mit Nieselregen heranziehen. Das Satellitenbild lässt erkennen, dass diese Wolken zu einem Tiefdruckwirbel bei Island gehören.

Und nach den Computer-Modelldaten soll dieser Tiefdruckwirbel morgen kalte Luft mit Sturm und viel Regen über Mitteleuropa hinwegtreiben. An der Westküste Schottlands fällt der Druck schon sehr schnell und der Südwestwind bläst mit 80 km/h.

In diesem kurzen Situationsbericht sind die vier wichtigen Hilfsmittel für die Arbeit der Meteorologen enthalten:

- Stationsmeldungen,
- Radardaten,
- Satellitenbilder und
- Modelldaten von den Supercomputern.

Der Blick zum Himmel war früher die einzige Möglichkeit, das Wetter zu erahnen und manchmal auch für den nächsten Tag vorherzusagen. Doch für tägliche gute Vorhersagen genügt das nicht. Neben dem Blick hinter den Horizont muss der Meteorologe mehr über die Atmosphäre kennen, als ihm Wolken, Wind und Regen erzählen können.

Eine Vorhersage für morgen erfordert schon den Blick auf das Wettergeschehen in ganz Europa und über dem Ostatlantik. Für eine 3-Tages-Vorhersage muss der Meteorologe beachten, was sich in Nordamerika abspielt und eine Wochenvorhersage kann nur dann vernünftig erstellt werden, wenn das Wetter weltweit in die Berechnungen einbezogen wird.

Dazu wurden im Laufe des letzten Jahrhunderts weltweit rund 10 000 Wetterstationen eingerichtet, an denen zu bestimmten Zeiten das aktuelle Wetter gemessen und beobachtet wird. Diese Daten werden über ein Netz weltweit ausgetauscht, sodass ich jederzeit über das aktuelle Wetter in allen Teilen dieser Welt Bescheid weiß. Wenn ich im ZDF die Meldung erhalte, dass es in Sydney hagelt, dann wissen dies zur gleichen Zeit auch meine Kollegen in New York, Moskau oder Nairobi.

Die technologische Entwicklung nach den 60er Jahren hat den Wetterhorizont wesentlich erweitert. Radardaten liefern Informationen über Intensität und Zugrichtung von Regen, Hagel und Schnee. Alle 15 Minuten erhalten wir vom Deutschen Wetterdienst ein Bild der Radarechos über Deutschland.

Die Wettersatelliten zeigen das Wettergeschehen über den riesigen Ozeanen. Da rund 70 % unseres Wetters vom Atlantik heranzieht, hat die

Qualität der Vorhersage mit Hilfe der Satellitenbilder beträchtlich zugenommen. Das ZDF hat eine eigene Empfangsstation, über die wir alle 30 Minuten ein Bild der Bewölkungsverhältnisse über Europa, Atlantik und Afrika erhalten, das der europäische Wettersatellit METEOSAT aufgenommen hat. Zusätzlich werden über diesen Satelliten auch Bilder übermittelt, die andere Wettersatelliten über dem Indischen Ozean, dem Pazifik und dem Westatlantik aufnehmen.

Der Computer – des Meteorologen Freund

Aber auch die besten und detailliertesten Informationen über das lokale und weltweite aktuelle Wetter genügen nicht für eine Vorhersage des morgigen Wetters und erst recht nicht, wenn es um den Wetterverlauf der nächsten Tage geht.

Da spielen zu viele Dinge eine zusätzliche Rolle:

- Wie die Sonne die Erdoberfläche unterschiedlich erwärmt,
- wie Warm- und Kaltluftmassen entstehen,
- was Luftdruckunterschiede hervorruft und Winde erzeugt,
- was die Drehung der Erde bewirkt und
- wie die Phasenänderungen des Wassers nicht nur für Wolken, Regen und Schnee sorgen, sondern auch die Luft erwärmen oder abkühlen können.

All diese verschiedenen Prozesse beeinflussen sich auch noch gegenseitig und produzieren letztendlich das Wetter, das Sie tagtäglich erleben. Um diese Unmenge an Daten und Prozessen zu verarbeiten, werden sie in mathematisch-physikalische Gleichungen gepackt und als Wetter-Vorhersagemodell für die Computer der Wetterdienste programmiert.

Nur die schnellsten und leistungsfähigsten Computer sind in der Lage, solche Vorhersagemodelle in einer verhältnismäßig kurzen Zeit zu rechnen. Diese Supercomputer haben mit Ihrem PC zu Hause wenig gemein. Sie müssen Gleichungen lösen, die komplizierter sind als diejenigen, mit denen z. B. Ingenieure das Verhalten von Flugzeugen simulieren.

Diese numerischen Modelle berechnen, was die Atmosphäre an bestimmten Punkten innerhalb eines großen Gebietes tun wird bis hin zur gesamten Erde und von der Erdoberfläche bis zur Obergrenze der Atmosphäre. Je mehr von diesen „Gitterpunkten“ vorhanden sind, umso besser wird das Modell Einzelheiten berechnen können. Bei wenigen Gitterpunkten fallen viele Wettererscheinungen wie durch ein Sieb. Durch die Leistungsexplosion sind Computer heute in der Lage, sehr detaillierte Modelle zu rechnen.

Die „Spagetti-Methode“ bringt mehr Sicherheit

Doch mit noch so vielen Gitterpunkten und detaillierten Modellen wird es nie möglich sein, zu 100 % richtige Vorhersagen zu liefern. Jede Vorhersage – nicht nur beim Wetter – ist mit einem mehr oder weniger großen Fehler behaftet. Das ist eine der fundamentalen Aussagen der „Chaos-Theorie“. Danach wird es niemals möglich sein, das Wetter detailliert über etwa zwei Wochen hinaus vorherzusagen.

Aber schon bei der Vorhersage für den nächsten Tag verhält sich das Wetter manchmal wie ein widerspenstiges Kind. Da entwickelt sich das Wetter wochenlang wie erwartet, um plötzlich entgegen allen Vorhersagen eine ganz andere Richtung einzuschlagen. Am nächsten Tag heißt es dann: „Was habt ihr denn wieder vorhergesagt?“

Wir sagen ja nicht bewusst ein falsches Wetter vorher oder lügen die Zuschauer an. Eine Lüge setzt ja voraus, dass man die Wahrheit kennt! Und die gibt die Atmosphäre manchmal nicht preis. Um solche überraschenden Wetterentwicklungen wenigstens im Voraus zu erahnen, bedienen sich die Meteorologen der „Spagetti-Methode“.

In der ZDF-Wetterredaktion vergleichen wir die Modell-Ergebnisse verschiedener Wetterdienste. Trägt man z. B. den Strahlstrom – ein schmales Band hoher Windgeschwindigkeit in 6–9 km Höhe – in eine Karte, ergibt sich ein Bündel von Linien. Liegen die Linien eng beieinander, dürfte die Vorhersage verlässlich sein. Sieht das Bild aber für den 5. Vorhersagetag wie ein Teller Spaghetti aus, ist bei der Vorhersage Vorsicht geboten. Ich scheue mich in solch einem Fall auch nicht, meinen Wetterbericht mit den Worten zu beginnen: „Wie das Wetter im Einzelnen wird, weiß ich nicht.“

Zum Glück laufen die Linien in den meisten Fällen zwar auseinander, folgen aber einem bestimmten Grundmuster. Doch kleinste Differenzen können an einem Ort zu völlig unterschiedlichem Wetter führen. Hier ist dann die Erfahrung des Meteorologen gefragt und er wird sich je nach Wetterlage für eine bestimmte Vorhersage entscheiden. Ob es die richtige war, wird sich allerdings erst am nächsten Tag zeigen.

Der „Schmetterlings-Effekt“

Wir Meteorologen sprechen vom „Schmetterlings-Effekt“, um die Auswirkungen der Chaos-Theorie auf das Verhalten der Atmosphäre zu beschreiben: „Wenn ein Schmetterling in Florida mit den Flügeln schlägt, kann das zur Folge haben, dass wir in Mitteleuropa Schnee schaufeln müssen.“

Wir wissen noch nicht, ob so ein Schmetterling wirklich das Wetter beeinflussen kann, aber sicher ist, dass sich unter bestimmten Bedingungen kleinste Vorgänge in der Atmosphäre lawinenartig aufschaukeln und Stärke sowie Zugbahn von Tiefdruckwirbeln verändern können.

Diese Chaos-Theorie geht auf Edward Lorenz zurück, der Anfang der 60er Jahre am berühmten MIT (Massachusetts Institute of Technology) an der mathematischen und theoretischen Lösung von Wetterphänomenen arbeitete.

Eines Tages wollte er ein numerisches Modell noch einmal durchrechnen lassen. Da die Computer bei weitem noch nicht so leistungsfähig waren wie heute, startete er das Modell nicht am Anfang, sondern zu einem späteren Zeitpunkt, indem er die Ergebnisse des ersten Laufes zu diesem Zeitpunkt per Hand eingab. Der Computer rechnete auf 6 Stellen hinter dem Komma, druckte aber nur 3 Stellen aus und die gab Lorenz ein.

Schon nach wenigen Zeitschritten änderten sich die Ergebnisse gegenüber dem ersten Lauf drastisch und ergaben am Ende ein völlig anderes Muster. Dieses unerwartete Ergebnis zeigte Lorenz, dass Wettersysteme „eine sehr empfindliche Abhängigkeit von den Anfangsbedingungen zeigen“, wie er später schrieb.

Seit wann das Wetter berechnet wird

1904 hatte der Norweger Vilhelm Bjerknes erstmals formuliert, wie mit Hilfe von mathematischen Gleichungen eine Vorhersage des großräumigen Verhaltens der Atmosphäre möglich sein müsste.

Aber erst 1922 versuchte Lewis F. Richardson eine Vorhersage durch Lösung dieser mathematischen Gleichungen, indem er die zeitlichen und räumlichen Ableitungen durch endliche Differenzen ersetzte.

Nach monatelangen Rechnungen hatte er gerade einmal eine einzige 6-stündige Vorhersage fertig. Allerdings waren die errechneten Druckänderungen unrealistisch hoch. Dies lag – wie wir heute wissen – an physikalisch falschen Modellannahmen und rein mathematischen Problemen. Damals jedoch hatte der Fehlschlag dieser unglaublichen Rechenleistung zur Folge, dass für einige Jahrzehnte die numerische Wettervorhersage als nicht machbar angesehen wurde.

Erst 1949 bewies der amerikanische Meteorologe Jule Charney, dass unter bestimmten Annahmen eine Kurzfrist-Vorhersage möglich sein müsse. Und mit den ersten elektronischen Rechenanlagen hat er im darauf folgenden Jahr die erste numerische Wettervorhersage erstellt. Es dauerte dann nur noch wenige Jahre, bis Wettervorhersagen auf der Basis von mathematisch-physikalischen Modellen in allen großen Wetterdiensten gerechnet wurden.

Das Modell, mit dem Charney 1950 die erste Wettervorhersage berechnete, teilte die Atmosphäre in zwei Schichten und wurde deshalb auch das Zwei-Schichten-Modell genannt.

Wie ein Modell funktioniert

Warum berechnete Richardson unrealistisch große Druckänderungen? Die Antwort auf diese Frage brachte den Durchbruch der numerischen Wettervorhersage. Wenn der Druck am Boden durch das Gewicht der darüber befindlichen Luftsäule bestimmt wird, dann müssen innerhalb dieser Luftsäule Kompensationen stattfinden, um zu realistischen Druckänderungen zu gelangen, d.h. wenn durch Luftzufuhr am Boden der Druck steigt, dann muss irgendwo oberhalb Luft aus der Säule fließen.

Um diese Überlegung in ein Modell umzusetzen, teilte man die Atmosphäre in zwei Schichten, die wie Zwiebelschalen die Erde einhüllen sollten. Die untere Schicht reichte dabei vom Boden bis etwa 5 km Höhe. Die obere Schicht reichte theoretisch bis zur Obergrenze der Atmosphäre; praktisch war bei etwa 20 km Schluss, denn darüber ist kaum noch Luft vorhanden. Damit war das so genannte Zwei-Schichten-Modell geboren. [...]

Sie werden sich vielleicht noch aus der Schulzeit erinnern, dass räumliche und zeitliche Änderungen einer Größe mit Hilfe der Differentialrechnung bestimmt werden. Da gab es dann Probleme sich vorzustellen, wie der räumliche oder zeitliche Abstand gegen Null gehen soll und trotzdem eine Größe sich ändern kann.

Was man dann doch irgendwann kapierte und auf dem Papier auch funktionierte, stellt sich in der Praxis als großes Problem dar. Denn wie soll die Atmosphäre in unendlich viele kleine Raumsegmente geteilt werden? Und um die Änderung einer Größe berechnen zu können, muss diese Größe erst einmal gemessen werden. Auch das kann nicht an unendlich vielen Punkten in der Atmosphäre geschehen.

Um dieses praktische Problem zu lösen, wurden die Differentiale durch endliche Differenzen ersetzt, wobei der horizontale Abstand zweier Punkte rund 250 km betrug. Das Zwei-Schichten-Modell bestand also aus einzelnen Boxen mit einer 250 km mal 250 km großen Grundfläche, wobei die untere Box 5 km, die obere 15 km hoch war.

Nun wurde berechnet, wie viel Luft auf der einen Seite in die Box hineinströmte und auf der anderen Seite herausfloss. Dabei wird unterstellt, dass Luft weder verschwinden noch aus dem Nichts entstehen kann. Wenn also zwischen Massenzu- und -abfluss ein Unterschied besteht, muss die Differenz durch die Box darüber oder darunter ausgeglichen werden, d.h. Luft muss durch die Grenze zwischen den beiden Schichten aufsteigen oder absinken.

Was so einfach klingt, war in der Praxis allerdings schwer umzusetzen und das liegt an den unterschiedlichen Größenordnungen. Der Wind, der den horizontalen Lufttransport bestimmt, ist nämlich wesentlich stärker als der vertikale Austausch zwischen den Boxen. Kleine Fehler bei der Windbestimmung wirken sich deshalb sehr stark auf die Größe des vertikalen Austausches aus und können sogar zu Änderungen des Vorzeichens führen; d.h. statt aufzusteigen, würde die Luft sinken, und das bedeutet ein völlig anderes Wetter.

Was in einem Wettercomputer passiert

Wir stellen uns vor, dass unser Zwei-Schichten-Modell als virtuelles Haus im Computer existiert und aus Erdgeschoss, erstem Stock bei 5 km und Obergeschoss bei 20 km besteht. Die Anzahl der Büros für das Gebiet Europa und Nordatlantik, das im ZDF-Wetterbericht zu sehen ist, beträgt etwa 720 und in jedem Büro sind 6 Personen beschäftigt. Insgesamt hat unser virtuelles Haus also 4 320 Mitarbeiter.

Dazu gehören noch Leute, die das angelieferte Material sortieren und prüfen und welche, die zum Schluss die fertige Ware für den Versand an die Kunden fertig machen.

Die Eingangskontrolle

Sie wissen durch die Chaos-Theorie, dass kleine Anfangsfehler zu eklatant unterschiedlichen Ergebnissen führen können. Also muss eine strenge Qualitätskontrolle der angelieferten aktuellen Mess- und Beobachtungsdaten erfolgen.

Doch selbst die strengste Qualitätskontrolle kann nicht verhindern, dass alleine durch die unterschiedlichen Messmethoden Fehler im Ausgangsmaterial vorhanden sind. Da wird die Lufttemperatur z.B. mit ganz unterschiedlichen Systemen gemessen:

- an den normalen Bodenstationen mit einem Quecksilber-Thermometer,
- an automatischen Stationen dagegen mit einem Bimetall-Thermometer,
- auf Schiffen bewegt sich das Thermometer langsam,
- in Flugzeugen entsprechend schnell und
- in Radiosonden pendelt es beim Aufsteigen bis etwa 30 km Höhe wie ein Kuhschwanz unterhalb des Ballons.

Jedem Messingenieur würden sich bei diesem Ausgangsmaterial die Haare sträuben.

Aber auch dieses Problem haben die Meteorologen mit einem Trick einigermaßen in den Griff bekommen. Sie starten ein Modell nicht neu, wenn aktuelle Daten einlaufen, sondern sie vergleichen die für den Zeitpunkt der Messung vorhergesagten Werte und passen sie den aktuellen Werten an.

So kann zusammen mit anderen mathematischen Tricks der Anfangsfehler minimiert, aber nie ganz beseitigt werden!

Die Produktion

Die sechs Mitarbeiter in jedem Büro lösen nun die Gleichungen, die das gesamte Wettergeschehen bestimmen:

1 berechnet die West-Ost-Komponente des Windes,

2 berechnet die Nord-Süd-Komponente des Windes,

3 berechnet den Massenzu- oder -abfluss,

4 berechnet den Wärmezu- oder -abfluss,

5 berechnet den Transport von Wasser und die Umwandlung in gasförmig, flüssig, oder fest,

6 berechnet Lufttemperatur, Druck und Dichte.

Der Zeitplan für die Berechnungen richtet sich nach den Aufstiegszeiten der Radiosonden. Diese werden überall auf der Welt zweimal am Tag zur gleichen Zeit um 00 Uhr (Greenwich-Zeit) und 12 Uhr gestartet. Etwa 3 Stunden später liegen in jedem unserer 720 Büros alle Daten vor.

In jedem Büro wird nun berechnet, wie sich das Wetter am Ort vom Zeitpunkt des Radiosonden-Aufstieges z. B. 00 Uhr bis 00:10 Uhr geändert hat. Dazu stehen aber nur einige Sekunden zur Verfügung.

Wenn die Zeit vorbei ist, werden die Ergebnisse an die benachbarten vier Büros weitergegeben und zusätzlich an die Büros darüber oder darunter.

Mit den neuen Daten werden nun die Änderungen des Wetters für 00:20 Uhr, dann für 00:30 Uhr und so weiter in 10-Minuten-Schritten bis 12 Stunden im Voraus berechnet. Dann schicken die Büros alle Daten zum Warenausgang und rechnen nun die Vorhersage weiter bis 24, 36, 48 und 72 Stunden nach dem ersten Starttermin. Und diese Berechnungen müssen alle Mitarbeiter zweimal am Tage durchführen. Einmal am Tage wird sogar die Vorhersage auf 10 Tage berechnet.

Der Warenausgang

Die Ergebnisse aus den einzelnen Büros werden auf Karten gedruckt und daraus werden dann die verschiedensten Wetterkarten erstellt und Texte mit Zusatzinformationen geschrieben. Diese Karten und Texte werden dann an Wetterbüros überall in der Welt verschickt.

Die Vorhersage aus dem Supercomputer

Roland Wengenmayr ist freier Journalist, Nina Strauch und Gerhard Lux arbeiten beim Deutschen Wetterdienst (DWD) in Offenbach.

Klimaforscher und Meteorologen träumten lange davon, die physikalischen Vorgänge in der Atmosphäre mathematisch beschreiben zu können, denn dann ließe sich das Wetter der Zukunft berechnen. Schon 1750 versuchte das der Göttinger Klimaforscher Tobias Mayer mit einer einfachen Wetterformel, nach der die Temperatur einer Gegend allein von deren Breitengrad abhängen sollte. Natürlich war dieses Modell viel zu simpel, denn danach hätte am fast 6 000 Meter hohen Gipfel des Kilimandscharo die gleiche Temperatur herrschen müssen wie an seinem Fuß in der heißen Steppe.

Nach diesen frühen Fehlversuchen wissen wir heute, dass sich die physikalischen Vorgänge in der Atmosphäre tatsächlich mit mathematischen Gleichungen recht genau beschreiben lassen. Dazu müssen die Formeln allerdings die komplexen physikalischen Beziehungen zwischen der Lufttemperatur, dem Luftdruck, der Windgeschwindigkeit und der Feuchte an jedem Punkt der Erdatmosphäre erfassen. Hinzu kommen Prozesse wie die Bildung von Wolken und Niederschlägen. Ein gutes mathematisches Wettermodell darf auch nicht vernachlässigen, dass der Boden und die bodennahe Luftschicht miteinander Wärme und Feuchte austauschen.

Mathematisches Heranpirschen

Daraus folgt ein ziemlich kompliziertes System mathematischer Gleichungen – und ein neues Problem: Die Gleichungen sind nicht mehr exakt lösbar! Moderne Meteorologen frustriert das aber nicht, denn sie kennen mit der „numerischen Mathematik" ein mächtiges Hilfsmittel. Es erlaubt ihnen, sich durch den Zahlendschungel geschickt an die exakte Lösung der Gleichungen heranzupirschen. Solche mathematischen Näherungen sind zwar nie ganz genau, aber ein sehr wirksamer Kompromiss. Allerdings erfordern sie einen hohen Rechenaufwand, weshalb sie erst durch leistungsfähige Computer zur geeigneten Methode werden konnten.

Wenn die Meteorologen ein numerisches Wettervorhersage-Modell entwickeln, dann überziehen sie zuerst das gewünschte Gebiet – oder

Großrechner des Deutschen Meteorologischen Rechenzentrums in der Zentrale des Deutschen Wetterdiensts in Offenbach

gleich den kompletten Globus – vom Boden bis in etwa 35 Kilometer Höhe mit einem dreidimensionalen mathematischen Gitter. Für jeden Kreuzungspunkt des Gitters stellen sie einen Satz von Näherungsformeln für alle wichtigen physikalischen Wettergrößen auf. In diese Gleichungen speisen sie alle in diesem Gebiet aktuell beobachteten Wetterdaten ein. Aus diesem Anfangszustand kann der Computer anschließend berechnen, wie sich die Atmosphäre Zeitschritt für Zeitschritt in die Zukunft hinein verändern wird. Als Ergebnis liefert er für jeden Gitterpunkt eine Vorhersage darüber, welchen Wert dort die Lufttemperatur, der Druck, der Wind, die Feuchte und andere physikalische Größen in einigen Stunden oder Tagen haben werden. Aus diesen Ergebnissen können die Meteorologen dann eine Wettervorhersage ableiten.

Je feiner, desto besser

Damit das numerische Wettermodell realistische Ergebnisse liefert, muss das Gitterraster sehr feinmaschig sein. Für jeden Rasterpunkt müssen möglichst viele Näherungsformeln berechnet werden, sonst wäre das Modell zu einfach für die Komplexität der Natur. Die Folge ist: Die Zahl der notwendigen Rechenschritte und der zu verarbeitenden Daten explodiert. Deshalb hängt die Leistungsfähigkeit der „Numerischen Wettervorhersage" (NWV) vor allem von der Rechenleistung der Supercomputer ab.

Die Geschichte der Computer beginnt in den 1960er Jahren. Wegen der damals geringen Rechnerkapazität waren die ersten numerischen

Wettermodelle noch sehr primitiv. Aber mit jeder neuen Computergeneration wurden sie immer detaillierter und leistungsfähiger. Der Deutsche Wetterdienst betreibt heute eine Modellkette, die aus drei Modellen mit unterschiedlich feinen Gitterrastern besteht. Für das Wetter auf der gesamten Erde ist das globale Modell GME zuständig, für Europa das regionale Modell COSMO-EU und für Deutschland das hoch auflösende Modell COSMO-DE.

Gitterraster für den Globus

Das globale Modell des DWD überzieht den Globus mit einem Gitter aus fast gleich großen Dreiecken. Die durchschnittliche Länge einer Dreieckskante beträgt derzeit etwa 30 Kilometer. Damit legt dieses Modell ein Netz aus 655 362 Gitterpunkten und doppelt so vielen Dreiecken um die Erde. In der Vertikalen unterteilt es die Atmosphäre in 60 Stockwerke. Für jedes Stockwerk berechnet es die Lufttemperatur, den Wind, die Feuchte, das Wasser und das Eis in den Wolken, sowie Regen und Schnee. Im untersten Stockwerk kommt noch der Bodendruck hinzu.

Das globale Modell wird auch mit Daten unterhalb der Erdoberfläche gespeist. Damit berücksichtigt es den Wärme- und Feuchteaustausch zwischen Boden und Atmosphäre. Hier spielen auch die Pflanzen eine wichtige Rolle, weil sie mit ihren Wurzeln Wasser aus dem Boden ziehen und durch die Blätter verdunsten. Folglich steckt im „Bodenmodell“ des globalen Modells auch ein einfaches Modell der Pflanzendecke. Der Austausch von Feuchte und Wärmeenergie zwischen Boden und Luft sorgt überhaupt erst dafür, dass in diesem globalen Simulationsmodell des DWD – wie in der echten Atmosphäre – Wolken entstehen. Das alles erzeugt eine gewaltige Datenflut: Für jeden Zeitschritt und für jeden Gitterpunkt muss der Computer etwa 5000 Rechenoperationen durchführen – und zwar für jedes der 60 Stockwerke in der Modell-Atmosphäre.

Deutschland in Rechenkästchen

Für Europa und Deutschland setzt der DWD die zwei höher auflösenden Modelle, COSMO-EU und COSMO-DE, ein. Im regionalen Modell COSMO-EU beträgt die Maschenweite 7 Kilometer, im lokalen Modell COSMO-DE nur 2,8 Kilometer. So können die Landschaft und das lokale Wettergeschehen in diesen für Deutschland wichtigen Vorhersagegebieten viel genauer dargestellt werden. COSMO-DE ermöglicht es erstmals, die Entwick-

Das globale Modell mit den eingebetteten Modellen für Europa und Deutschland

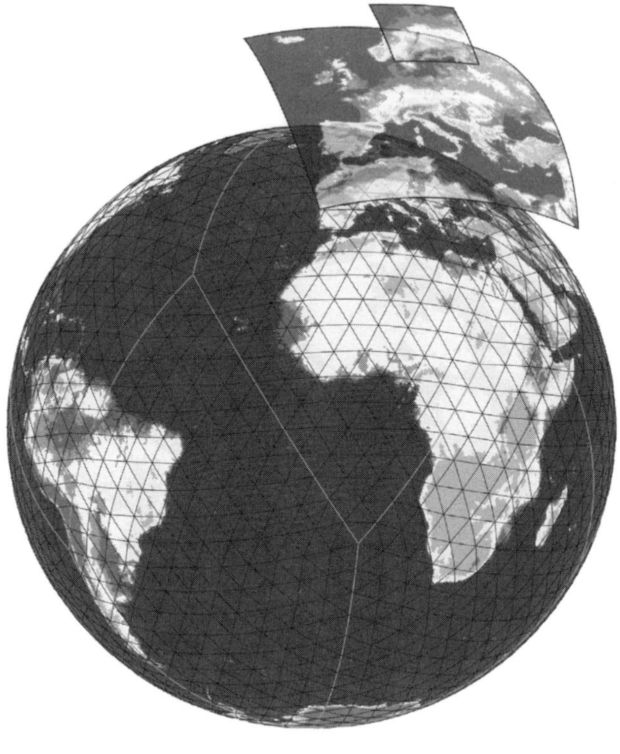

lung von Schauer- und Gewitterwolken detailliert vorherzusagen. Dazu benötigt es allerdings auch einen deutlich höheren Rechenaufwand pro Gitterpunkt, weil beispielsweise die Wolken- und Niederschlagsbildung sehr viel genauer beschrieben wird als im globalen Modell und im COSMO-EU.

Zusätzlich zu diesen drei Wettervorhersagemodellen laufen auf den Computern des Deutschen Wetterdienstes auch so genannte Anschlussmodelle für spezielle Prognosen. Ein Nutzer ist zum Beispiel der Schiffsverkehr: Aus den Ergebnissen der Wettervorhersagemodelle errechnen Anschlussmodelle eine Prognose des Seegangs in der Nord- und Ostsee und auf den Weltmeeren. Ein anderes Modellpaket wird nur im Notfall aktiviert: Falls die Beobachtungssysteme des DWD radioaktive Schadstoffe in der Luft entdecken, berechnet es, wohin der Wind diese Stoffe tragen wird und wo sie voraussichtlich niedergehen werden.

Zuverlässig – aber mit Grenzen

Numerische Wettermodelle arbeiten heute sehr zuverlässig. Sie können zum Beispiel die Entwicklung von Hoch- und Tiefdruckgebieten viel genauer vorausberechnen als ein erfahrener Meteorologe mit den früheren

„Handverfahren". Besonders großräumige Wetterentwicklungen können sie bis zu etwa zehn Tagen vorhersagen – wobei der Prognosefehler allerdings auch mit jedem Tag wächst.

Die numerischen Modelle stoßen jedoch nach wie vor an Grenzen. Eine davon ist die selbst beim lokalen Modell COSMO-DE noch immer zu grobe Auflösung des Gitterrasters. Das Wettergeschehen spielt sich nämlich auf sehr unterschiedlichen Größenskalen ab. Dabei sind nicht nur die großen Skalen der erdumspannenden Hoch- und Tiefdruckzonen wichtig – die die Computer mittlerweile gut im Griff haben – sondern auch Vorgänge auf immer kleineren Skalen, beispielsweise lokale thermische Aufwinde oder Nebelfelder.

Die Grenzen der heutigen Wetterprognosen können wir vor allem im Sommer erleben: Plötzlich zieht ein heftiger Schauer auf und sprengt die Grillparty – natürlich hatte das der gestrige Wetterbericht so nicht vorhergesagt. Das liegt daran, dass solche Gewitterzellen oft nur einen geringen Durchmesser haben und deshalb auch vom 2,8-Kilometer-Raster des Modells COSMO-DE nicht ausreichend genau dargestellt werden. Eine solche Zelle fällt gewissermaßen „durch das Raster".

Wetter ist chaotisch

Auch in der Zukunft werden die numerischen Modelle das Wetter niemals hundertprozentig vorhersagen können. Eine fundamentale Eigenschaft der Atmosphäre verhindert das: Ihr chaotisches physikalisches Innenleben. Das Chaos im Wetter sorgt dafür, dass schon kleinste Schwankungen in den Ausgangsdaten einer Wetterberechnung je nach Wetterlage zu völlig verschiedenen Vorhersagen für die nächsten Stunden oder Tage führen können. Deshalb müssen die Meteorologen auch die Beobachtungsdaten sehr genau prüfen, bevor sie diese in ihr Modell füttern. Messfehler und Ungenauigkeiten können sonst die Prognose schnell in eine völlig falsche Richtung laufen lassen.

Am Ende entscheidet der Mensch

Am Ende der Kette aus Wetterbeobachtung und Wettersimulation steht die „operationelle Wettervorhersage". Sie umfasst die Wetterberichte, die der Deutsche Wetterdienst jeden Tag offiziell herausgibt. Zuständig dafür sind die Meteorologen der Vorhersage- und Beratungszentrale des DWD in Offenbach sowie in den Regionalzentralen, wie zum Beispiel im Hamburger Seewetteramt. Auf ihren Computern fließt die aufbereitete Datenflut aus den verschiedenen Wetterbeobachtungssystemen und der Numerischen Wettervorhersage zusammen. Alle fünf Minuten laufen bei ihnen neue Satellitenbeobachtungen und Wetterradardaten ein. Die Meteorologen vergleichen diese Beobachtungen mit den Computerprognosen der Vorhersagemodelle des Deutschen Wetterdienstes. Dabei können die Numerischen Wettervorhersagen durchaus auch mal von den aktuellen Beobachtungen abweichen. Dann muss der erfahrene „Meteorologe vom Dienst" die Wetterlage neu beurteilen und die ursprüngliche Vorhersage gegebenenfalls modifizieren. [...]

Den Blitzen auf der Spur

Besonders im Sommer ist für die Meteorologen im Wettervorhersagedienst das DWD-Wetterradar sehr wichtig. Dann kann ein von der Sonne beschienener Südhang wie ein Herd die Atmosphäre zum Kochen bringen und ein lokales Unwetter auslösen. Solche kleinräumige Gewitterzellen macht ein Netzwerk von 17 Wetterradarstationen in Deutschland sichtbar. Es kann mit einer Auflösung von etwa 250 Metern Niederschläge – Regen oder Hagel – aufspüren. Das kann es, weil Regentropfen und Hagelkörner bestimmte Radarfrequenzen reflektieren und so ein Radarecho erzeugen.

Ob ein starker Niederschlag tatsächlich zu einer Gewitterzelle gehört, kann durch die gleichzeitige Ortung von elektromagnetischen Entladungen erkannt werden. Dafür sorgt ein vom DWD genutztes Blitzortungsnetz von etwa 30 Messstationen in Deutschland. Diese Stationen empfangen die starken elektromagnetischen Entladungspulse der Blitze – gewissermaßen das „Funkecho" des Gewitters – und werten sie automatisch aus. Aus den unterschiedlichen Zeitpunkten, an denen der Puls an den verschiedenen Stationen eintrifft, können Computer den Entstehungsort des Blitzes auf etwa 100 Meter genau berechnen. Nur wenige Sekunden später erscheinen die Daten auf den Bildschirmen der Meteorologen.

Von Sofort bis Übermorgen

Alle diese Systeme zusammen machen also treffsichere Unwetterwarnungen möglich. Als kürzestfristige Wettervorhersagen für die nächsten zwei Stunden sind sie vor allem im Sommer ein wichtiger Teil des Tagesgeschäftes der Meteorologen. Für den Zeitraum von zwei bis 21 Stunden liefert das Modell COSMO-DE achtmal täglich die wichtigsten Prognosedaten. Bei Vorhersagen bis zu drei Tagen im Voraus stützt sich der Meteorologe vor allem auf das Modell COSMO-EU. Für eine Prognose im Zeitbereich bis zu sieben Tagen im Voraus nutzen die Experten das globale Modell GME. Um ihre Vorhersagen noch sicherer zu machen, vergleichen die Meteorologen des Deutschen Wetterdiensts diese Daten mit den Wettervorhersagen aus den numerischen Wettermodellen ihrer Kollegen in den Nachbarländern und auch in Übersee. Dieser intensive, weltweite Austausch ist entscheidend für eine hohe Qualität der Wettervorhersagen.

Wie genau sind Wettervorhersagen?

Wettervorhersagen werden niemals hundertprozentig sein, weil schon kleinste Schwankungen in der Atmosphäre das Wetter stark beeinflussen können. Es ist kein Zufall, dass mit Edward Lorenz ein Meteorologe zu den Pionieren der Chaostheorie gehört. Der Chaosanteil im Wetter wird deshalb auch bei verbesserten Beobachtungstechniken und numerischen Modellen immer die Gefahr einer dramatischen Fehlprognose in sich bergen – auch wenn dies immer seltener geschieht.

Trotz aller chaotischen Einflüsse: Die Wettervorhersagen in den letzten Jahrzehnten sind immer zuverlässiger geworden. Eine sechstägige Prognose hat heute die gleiche Zuverlässigkeit wie eine 24stündige im Jahr 1968. Bei dreitägigen Prognosen stimmen heute neun von zehn Vorhersagen genau.

Blick in die Zukunft

In den kommenden Jahren werden die Meteorologen die Qualität ihrer Wetter- und Unwettervorhersagen mit immer besseren Beobachtungssystemen und verfeinerten Computermodellen weiter steigern können. Bei der Wetterbeobachtung werden vor allem die Weiterentwicklung der Satelliten- und Radartechnik und optimierte Auswertungsmethoden für die gewonnenen Daten zum Fortschritt beitragen. Wenn diese Systeme die großen Lücken im Beobachtungsnetz auf den Kontinenten und Ozeanen zunehmend schließen können, wird das die Wettervorhersagen für Mitteleuropa noch zuverlässiger machen.

Das Arbeitspferd der Vorhersage-Meteorologen beim Deutschen Wetterdienst ist das Computersystem „NinJo". Es ermöglicht eine übersichtliche Darstellung aller wichtigen Wetterdaten weltweit auf einen Blick. Als Prak-

Grenzen der Vorhersagbarkeit

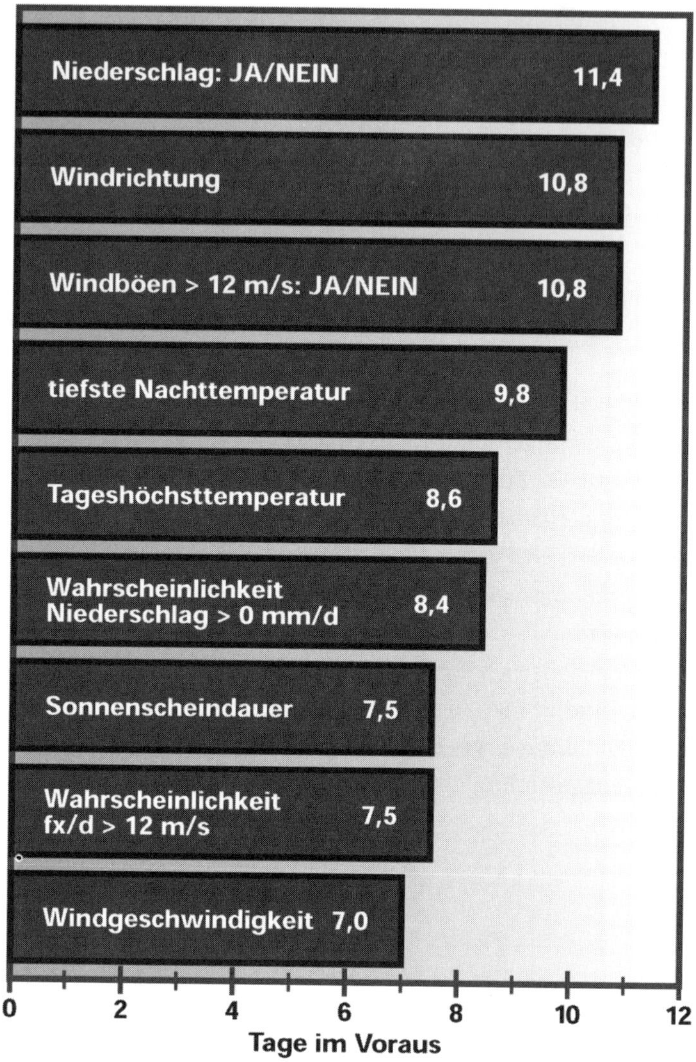

■ Wettervorhersagen leisten unterschiedlich viel gegenüber einer auf langjährigen Klimawerten basierenden Vorhersage („So wie jedes Jahr").
Eine Prognose der „Windgeschwindigkeit" weiß bspw. bereits ab einem Vorhersagezeitraum von einer Woche nichts Besseres als „So wie immer" zu sagen, während die Vorhersage der „Windrichtung" bis fast 11 Tage im Voraus einen Gewinn gegenüber der Klimavorhersage darstellt. ■

tiker stehen die Meteorologen auch im engen Austausch mit den Entwicklern der numerischen Wettervorhersagemodelle. So sind sie nicht nur Wetterexperten, sondern oft auch Forscher, Softwareentwickler – und vor allem auch Berater für die Nutzer spezieller Wettervorhersagen und Unwetterwarnungen.

Noch feinere Maschen

Die Entwickler der numerischen Wettermodelle arbeiteten in den letzten Jahren intensiv an der Optimierung der Vorhersage von Niederschlägen. Vor allem die Prognosemöglichkeit kleinräumiger aber starker Gewitter mit Schauern und Hagel hat sich verbessert. Trotz der enorm gestiegenen Leistungsfähigkeit hat die Numerische Wettervorhersage auf diesem Gebiet in den letzten 15 Jahren aber keinen entscheidenden Durchbruch geschafft. Denn dafür bräuchten die Modelle eine Maschenweite von nur ein bis zwei Kilometern, was der Computertechnik eine gewaltige Leistungssteigerung abverlangt. Aber auch die mathematische Modellierung der physikalischen Prozesse in den Wolken muss noch viel genauer werden – dazu bedarf es weiterer Grundlagenforschung.

Der Deutsche Wetterdienst hat 2007 mit seinem sehr hoch auflösenden lokalen Modell COSMO-DE für Kürzestfrist-Vorhersagen eine „Schallmauer" durchbrochen. Seine Maschenweite liegt bei 2,8 Kilometern. Dieses lokale Kürzestfrist-Modell verarbeitet auch Daten aus dem Wetterradar und befähigt die Meteorologen erstmals Unwetterwarnungen auf Basis der Numerischen Wettervorhersage für die kommenden 18 Stunden herauszugeben. Das lokale Modell läuft ebenso wie das globale und regionale Modell auf dem Großrechner des Deutschen Meteorologischen Rechenzentrums (DMRZ) in der Zentrale des DWD in Offenbach. Es beschränkt sich dabei nur auf Deutschland und die nähere Umgebung, um die Rechner nicht zu überlasten.

Viele Modelle für ein besseres Resultat

An Bedeutung werden künftig Verfahren gewinnen, die mehrere numerische Wettermodelle parallel durchrechnen und dabei den Anfangszustand leicht variieren. Diese „Ensemble-Technik" liefert verschiedene Resultate, innerhalb derer das tatsächliche Wetter sich mit hoher Wahrscheinlichkeit entwickeln wird. Das gibt den Meteorologen mehr Sicherheit in der Vorhersage. Dazu brauchen sie jedoch noch gewaltigere Computeranlagen, wie sie zum Beispiel am Europäischen Zentrum für Mittelfristige Wettervorhersagen (EZMW) in Reading nahe London stehen. Das von Deutschland mitfinanzierte Zentrum lässt heute schon für drei- bis fünfzehntägige Vorhersagen bis zu fünfzig numerische Wettermodelle parallel laufen.

Auch für die Meteorologie gilt, dass die Grundlagenforschung entscheidende Impulse für den Fortschritt gibt. Auf diesem Gebiet ziehen die Meteorologen mit den Klimaforschern, die langfristige Änderungen der Atmosphäre untersuchen, an einem Strang. Vor allem die komplexen chemischen Prozesse in den verschiedenen Stockwerken der Atmosphäre sind noch wenig verstanden. Sie bergen sicher noch manche Überraschung in sich.

Wird eines Tages der Supercomputer den Meteorologen aus Fleisch und Blut ersetzen? Das ist wohl kaum zu erwarten. Die Erfahrung zeigt, dass die Technik zwar viele Aufgaben übernehmen kann, schneller und manchmal sogar besser arbeitet als ein Mensch, doch sie erfordert Spezialisten, die sie verstehen, bedienen und weiterentwickeln können. Das Berufsbild der Meteorologen wird nicht aussterben, sondern sich – wie in den vergangenen Jahrhunderten – mit dem technischen Fortschritt wandeln.

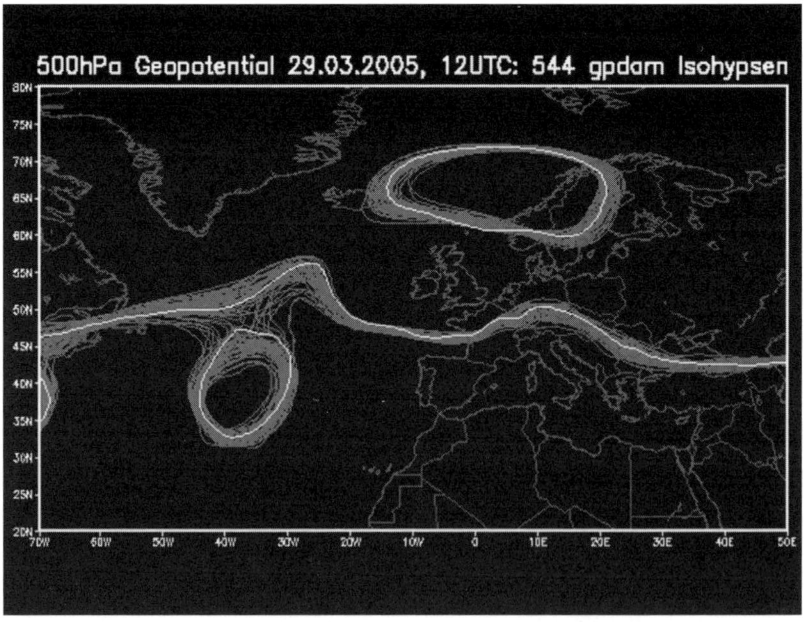

Bei einer 24-Stundenvorhersage liegen 50 im Supercomputer parallel gerechnete Prognosen (Ensemble-Vorhersagen), die leicht unterschiedliche Beobachtungsdaten nutzen, schon dicht beieinander

„Es gibt ein Gewitter!“

Wetter dient Schriftstellern traditionell dazu, Stimmungen darzustellen. Da bricht die Sonne bei einer Liebeserklärung hervor, und wenn sich ein Unglück zusammenbraut, kann es nur stürmen. Eben so setzt Joseph Roth das Wetter im „Radetzkymarsch“ – seinem Roman über den Untergang des Habsburger Reichs – ein. Die Garnison feiert ein Fest, doch als die Nachricht von der Ermordung des Thronfolgers eintrifft, lässt es Roth aufs Schönste blitzen und donnern.

Der Sonntag brach schließlich an. Man zählte vierundfünfzig Gäste. „Donnerwetter, Sapperlot!“ sagte Graf Zschoch ein paarmal. Er wußte wohl, in welch einem Regiment er diente, aber im Anblick der vierundfünfzig klangreichen Namen auf der Liste der Gäste kam es ihm vor, daß er die ganze Zeit nicht stolz genug auf dieses Regiment gewesen war. Um ein Uhr nachmittags begann das Fest, mit einer einstündigen Parade auf dem Exerzierplatz. Man hatte zwei Militärkapellen aus größeren Garnisonen erbeten. Sie spielten in zwei hölzernen, runden, offenen Pavillons im kleinen Wäldchen. Die Damen saßen in zeltüberdeckten Bagagewagen, trugen sommerliche Kleider über steifen Miedern und rädergroße Hüte, auf denen ausgestopfte Vögel nisteten. Obwohl es ihnen heiß war, lächelten sie, jede eine heitere Brise. Sie lächelten mit den Lippen, den Augen, den Brüsten, die hinter duftigen und festverrammelten Kleidern gefangen waren, mit den durchbrochenen Spitzenhandschuhen, die bis an die Ellenbogen reichten, mit den winzigen Taschentüchlein, die sie in der Hand hielten und mit denen sie manchmal sachte, sachte an die Nase tupften, um sie nicht zu zerbrechen. Sie verkauften Bonbons, Sekt und Lose für das Glücksrad, das vom Standesführer eigenhändig behandelt wurde, und bunte Säckchen mit Konfetti, von dem sie alle überschüttet waren und das sie mit neckisch gespitzten Mündern wegzublasen versuchten. Auch an Papierschlangen fehlte es nicht. Sie umwanden Hälse und Beine, hingen von den Bäumen herab und verwandelten alle natürlichen Fichten im Nu in künstliche. Denn sie waren dichter und überzeugender als das Grün der Natur.

Am Himmel über dem Wald waren unterdessen die längst erwarteten Wolken heraufgezogen. Der Donner kam immer näher, aber die Militärkapellen übertönten ihn. Als der Abend über Zelte, Wagen, Konfetti und Tanz hereinbrach, zündete man die Lampions an, und man bemerkte nicht, daß sie von plötzlichen Windstößen stärker geschaukelt wurden, als es sich für festliche Lampions schicken mochte. Das Wetterleuchten, das immer heftiger den Himmel erhellte, konnte sich mit dem Feuerwerk, das die Mannschaft hinter dem Wäldchen abknallte, noch lange nicht vergleichen. Und man war allgemein geneigt, die Blitze, die man zufällig bemerkte, für mißlungene Raketen zu halten. „Es gibt ein Gewitter!" sagte plötzlich einer. Und das Gerücht vom Gewitter begann sich im Wäldchen zu verbreiten.

Man rüstete also zum Aufbruch und begab sich zu Fuß, zu Pferde und im Wagen in das Haus Chojnickis. Alle Fenster standen offen. Der Glanz der Kerzen strömte frei, im mächtigen, flackernden Fächerschein gegen die weite Allee, vergoldete den Boden und die Bäume, die Blätter sahen aus wie Metall. Es war noch zeitig, aber schon dunkel, dank den Heerscharen der Wolken, die von allen Seiten gegeneinanderrückten und sich vereinigten. Vor dem Eingang zum Schloß in der breiten Allee und auf dem ovalen, kiesbestreuten Vorplatz sammelten sich jetzt die Pferde, die Wagen, die Gäste, die bunten Frauen und die noch bunteren Offiziere. Die Reitpferde, von Soldaten am Zaum gehalten, und die Wagenpferde, von den Kutschern mühsam gezügelt, wurden ungeduldig; wie ein elektrischer Kamm strich der Wind über ihr glänzendes Fell, sie wieherten ängstlich nach dem Stall und scharrten den Kies mit zitternden Hufen. Auch den Menschen schien sich die Aufregung der Natur und der Tiere mitzuteilen. Die munteren Zurufe, mit denen sie noch vor einigen Minuten Ball gespielt hatten, erstarben. Alle sahen, etwas ängstlich, zu den Türen und Fenstern. Jetzt ging die große, zweiflügelige Tür auf, und man begann, sich in Gruppen dem Eingang zu nähern. Sei es nun, daß man mit den zwar nicht ungewöhnlichen, aber dennoch den Menschen immer wieder erregenden Vorgängen des Gewitters zu sehr beschäftigt war, sei es, daß man von den verworrenen Klängen der beiden Militärkapellen abgelenkt wurde, die bereits im Innern des Hauses ihre Instrumente zu stimmen begannen: niemand vernahm den rapiden Galopp der Ordonnanz, die jetzt auf den Vorplatz heransprengte, mit plötzlichem Ruck anhielt und in ihrer dienstlichen Adjustierung, mit blinkendem Helm, umgeschnalltem Karabiner am Rücken und Patronentaschen am Gurt, umflackert von weißen Blitzen und von violetten Wolken umdüstert, einem theatralischen Kriegsboten nicht unähnlich war. Der Dragoner stieg ab und erkundigte sich nach dem Obersten Festetics. Es hieß, der Oberst sei schon drinnen. Einen Augenblick hierauf trat er heraus, nahm einen Brief von der Ordonnanz entgegen und kehrte ins Haus zurück. Im rundlichen Vorraum, in dem es keine Deckenbeleuchtung gab, blieb er stehen. Ein Diener trat hinter seinen Rücken, den Armleuchter in der Hand. Der Oberst riß den Umschlag auf. Der Diener, obgleich seit seiner frühesten

Jugend in der großen Kunst des Dienens erzogen, konnte dennoch nicht seine plötzlich zitternde Hand beherrschen. Die Kerzen, die er hielt, begannen heftig zu flackern. Ohne daß er etwa versucht hätte, über die Schulter des Obersten zu lesen, fiel der Text des Schreibens in das Blickfeld seiner wohlerzogenen Augen, ein einziger Satz aus übergroßen, mit blauem Kopierstift sehr deutlich geschriebenen Worten. Ebensowenig wie er etwa vermocht hätte, hinter geschlossenen Lidern einen der Blitze nicht zu fühlen, die jetzt in immer schnellerer Folge in allen Richtungen des Himmels aufzuckten, ebensowenig wäre es ihm auch möglich gewesen, seinen Blick von der furchtbaren, großen, blauen Schrift abzuwenden: „Thronfolger gerüchtweise in Sarajevo ermordet", sagten die Buchstaben.

Die Worte fielen wie ein einziges, ohne Pause, in das Bewußtsein des Obersten und in die Augen des hinter ihm stehenden Dieners. Der Oberst ließ den Umschlag fallen. Der Diener, den Leuchter in der Linken, bückte sich, um ihn mit der Rechten aufzuheben. Als er wieder aufrecht stand, sah er geradewegs in das Angesicht des Obersten Festetics, der sich ihm zugewandt hatte. Der Diener trat einen Schritt zurück. Er hielt den Leuchter in der einen, den Umschlag in der anderen Hand, und seine beiden Hände zitterten. Der Schein der Kerzen flackerte über das Angesicht des Obersten und erhellte und verdunkelte es abwechselnd. Das gewöhnliche, gerötete, von einem großen, graublonden Schnurrbart gezierte Angesicht des Obersten wurde bald violett, bald kreideweiß. Die Lippen bebten ein wenig, und der Schnurrbart zuckte. Außer dem Diener und dem Obersten war kein Mensch in der Vorhalle. Aus dem Innern des Hauses hörte man schon den ersten gedämpften Walzer der beiden Militärkapellen, Klirren von Gläsern und das Gemurmel der Stimmen. Durch die Tür, die zum Vorplatz führte, sah man den Widerschein ferner Blitze, hörte man den schwachen Widerhall ferner Donner. Der Oberst sah den Diener an. „Haben Sie gelesen?" fragte er. „Jawohl, Herr Oberst!" „Mund halten!" sagte Festetics und legte den Zeigefinger an die Lippen. Er entfernte sich. Er schwankte ein wenig. Vielleicht war es das flackernde Kerzenlicht, in dem sein Gang unsicher erschien.

Der Diener, neugierig und durch das Schweigegebot des Obersten ebenso erregt wie durch die blutige Nachricht, die er soeben wahrgenommen hatte, wartete auf einen seiner Kollegen, um diesem seinen Dienst und den Leuchter zu übergeben, in die Zimmer zu gehen und dort vielleicht Näheres zu erfahren. Auch war es ihm, obwohl er ein aufgeklärter, vernünftiger Mann in mittleren Jahren war, allmählich unheimlich in diesem Vorraum, den er mit seinen Kerzen nur spärlich beleuchten konnte und der nach jedem der heftigen, bläulichweißen Blitze in eine noch tiefere, braune Dunkelheit versank. Schwere Wellen geladener Luft lagen im Raum, das Gewitter zögerte. Der Diener brachte den Zufall des Gewitters mit der schrecklichen Kunde in einen übernatürlichen Zusammenhang. Er bedachte, daß die Stunde endlich gekommen sei, in der sich übernatürliche Gewalten der Welt deutlich und grausam kundgeben wollten. Und er bekreuzigte sich, den Leuchter in der Linken. In diesem Augenblick trat Chojnicki heraus, sah verwundert auf ihn und fragte, ob er sich denn so vor dem Gewitter fürchte. Es sei nicht nur das Gewitter, antwortete der Diener. Denn, obwohl er versprochen hatte zu schweigen, war es ihm nicht mehr möglich, die Last seiner Mitwisserschaft zu tragen. „Was denn sonst?“ fragte Chojnicki. Der Herr Oberst Festetics hätte eine schreckliche Nachricht erhalten, sagte der Mann. Und er zitierte ihren Wortlaut.

Chojnicki befahl zuerst, alle Fenster, die schon des Unwetters wegen geschlossen worden waren, auch dicht zu verhängen, hierauf, den Wagen fertigzumachen. Er wollte in die Stadt. Während man draußen die Pferde anspannte, fuhr eine Droschke vor, mit aufgerollter, triefender Plache, an der man erkannte, daß sie aus einer Gegend kam, in der das Gewitter bereits niedergegangen war. Aus dem Fiaker stieg jener muntere Bezirkskommissär, der die politische Versammlung der streikenden Borstenarbeiter aufgelöst hatte, eine Aktentasche unter dem Arm. Er berichtete zuerst, als wäre er vornehmlich zu diesem Zweck gekommen, daß es im Städtchen regne. Hierauf teilte er Chojnicki mit, daß man den Thronfolger der österreichisch-ungarischen Monarchie wahrscheinlich in Sarajevo erschossen habe. Reisende, die vor drei Stunden angekommen seien, hätten zuerst die Nachricht verbreitet. Dann sei ein verstümmeltes, chiffriertes Telegramm von der Statthalterei angelangt. Offenbar infolge des Gewitters sei der telegraphische Verkehr gestört, eine Rückfrage also bis jetzt unbeantwortet geblieben. Überdies sei heute Sonntag und nur wenig Personal in den Ämtern vorhanden. Die Aufregung in der Stadt und selbst in den Dörfern wachse aber ständig, und trotz des Gewitters ständen die Leute in den Gassen.

Während der Kommissär hastig und flüsternd erzählte, hörte man aus den Räumen die schleifenden Schritte der Tanzenden, das helle Klirren der Gläser und von Zeit zu Zeit ein tiefes Gelächter der Männer. Chojnicki beschloß, zuerst ein paar seiner Gäste, die er für maßgebend, vorsichtig und noch nüchtern hielt, in einem abgesonderten Zimmer zu versammeln. Indem er allerhand Ausreden gebrauchte, brachte er den und jenen in den vorgesehenen Raum, stellte ihnen den Bezirkskommissär vor und berichtete. Zu den Eingeweihten gehörten der Oberst des Dragonerregiments, der Major des Jägerbataillons mit ihren Adjutanten, mehrere von den Trägern berühmter Namen, und unter den Offizieren des Jägerbataillons Leutnant Trotta. Das Zimmer, in dem sie sich befanden, enthielt wenig Sitzgelegenheiten, so daß mehrere sich ringsum an die Wände lehnen mußten, einige sich ahnungslos und übermütig, bevor sie noch wußten, worum es sich handle, auf den Teppich setzten, mit gekreuzten Beinen. Aber es erwies sich bald, daß sie in ihrer Lage verblieben, auch als man ihnen alles mitgeteilt hatte. Manche mochte der Schreck gelähmt haben, andere waren einfach betrunken. Die dritten aber waren von Natur gleichgültig gegen alle Vorgänge in der Welt und sozusagen aus angeborener Vornehmheit gelähmt, und es schien ihnen, daß es sich für sie nicht schicke, lediglich wegen einer Katastrophe ihren Körper zu inkommodieren. Manche hatten nicht einmal die bunten Papierschlangenfetzen und die runden Koriandoliblättchen von ihren Schultern, Hälsen und Köpfen entfernt. Und ihre närrischen Abzeichen verstärkten noch den Schrecken der Nachricht.

In dem kleinen Raum wurde es nach einigen Minuten heiß. „Öffnen wir ein Fenster!“ sagte einer. Ein anderer klinkte eines der hohen und schmalen Fenster auf, lehnte sich hinaus und prallte im nächsten Augenblick zurück. Ein weißglühender Blitz von einer ungewöhnlichen Heftigkeit schlug in den Park, in den das Fenster führte. Zwar konnte man die Stelle nicht unterscheiden, die er getroffen hatte, aber man hörte das Splittern gefällter Bäume. Schwarz und schwer rauschten ihre umsinkenden Kronen. Und selbst die übermütig Kauernden, die Gleichgültigen, sprangen auf, die Angeheiterten begannen zu taumeln und alle erbleichten. Sie wunderten sich, daß sie noch lebten. Sie hielten den Atem an, sahen aufeinander mit aufgerissenen Augen und warteten auf den Donner. Es dauerte nur ein paar Sekunden, bis er erfolgte. Aber zwischen dem Blitz und dem Donner drängte sich die Ewigkeit selbst zusammen: Alle versuchten, einander näher zu kommen. Sie bildeten ein Bündel von Leibern und Köpfen rings um den Tisch. Einen Augenblick zeigten ihre Gesichter, so verschiedene Züge sie auch trugen, eine brüderliche Ähnlichkeit. Es war, als erlebten sie überhaupt zum erstenmal ein Gewitter. In Furcht und Ehrfurcht warteten sie den knatternden, kurzen Donner ab. Dann atmeten sie auf. Und während vor den Fenstern die schweren Wolken, die der Blitz aufgetrennt hatte, mit jubelndem Getose niederschäumten, begannen die Männer, ihre Plätze wieder einzunehmen.

„Wir müssen das Fest abbrechen!“ sagte Major Zoglauer.

Der Rittmeister Zschoch, ein paar Konfettisternchen im Haar und den Rest einer rosa Papierschlange um den Nacken, sprang auf. Er war beleidigt, als Graf, als Rittmeister, als Dragoner im besonderen, als Kavallerist im allgemeinen und ganz besonders als er selbst, als Individuum von außergewöhnlicher Art, als Zschoch kurzweg. Seine kurzen, dichten Augenbrauen stellten sich auf und bildeten zwei dräuende, gegen den Major Zoglauer gerichtete Hecken aus kleinen, starrenden Stacheln. Seine großen, törichten, hellen Augen, in denen sich alles zu spiegeln pflegte, was sie vor Jahren aufgenommen haben mochten, selten das, was sie im Augenblick sahen, schienen jetzt den Hochmut der Zschochschen Ahnen auszudrücken, einen Hochmut aus dem fünfzehnten Jahrhundert. Er hatte den Blitz, den Donner, die fürchterliche Nachricht, alle Ereignisse der vergangenen Minuten beinahe vergessen. In seiner Erinnerung bewahrte er nur noch die Anstrengungen, die er für das Fest, seinen genialen Einfall, unternommen hatte. Er konnte auch nicht viel vertragen, er hatte Sekt getrunken, und sein kleines Sattelnäschen schwitzte ein wenig.

„Die Nachricht ist nicht wahr", sagte er, „sie ist halt nicht wahr. Es soll mir einer nachweisen, daß es wahr ist, blöde Lüge, dafür spricht schon allein das Wort ‚gerüchtweise' oder ‚wahrscheinlich' oder wie das politische Zeug heißt!"

„Auch ein Gerücht genügt!" sagte Zoglauer.

Hier mischte sich Herr von Babenhausen, Rittmeister der Reserve, in den Zwist. Er war angeheitert, fächelte sich mit dem Taschentuch, das er bald in den Ärmel steckte, bald wieder hervorzog. Er löste sich von der Wand, trat an den Tisch und kniff die Augen zusammen:

„Meine Herren", sagte er, „Bosnien ist weit von uns entfernt. Auf Gerüchte geben wir nix! Was mich betrifft, ich pfeif' auf Gerüchte! Wann's wahr is, werden wir's eh früh genug erfahren!"

„Bravo!" rief der Baron Nagy Jenö, der von den Husaren. Er hielt, obwohl er zweifellos von einem jüdischen Großvater aus Odenburg abstammte und obwohl erst sein Vater die Baronie gekauft hatte, die Magyaren für eine der adligsten Rassen der Monarchie und der Welt, und er bemühte sich mit Erfolg, die semitische, der er entstammte, zu vergessen, indem er alle Fehler der ungarischen Gentry annahm.

„Bravo!" wiederholte er noch einmal. Es war ihm gelungen, alles, was der nationalen Politik der Ungarn günstig oder abträglich erschien, zu lieben, beziehungsweise zu hassen. Er hatte sein Herz angespornt, den Thronfolger der Monarchie zu hassen, weil es allgemein hieß, er sei den slawischen Völkern günstig gesinnt und den Ungarn böse. Der Baron Nagy war nicht eigens zu einem Fest an der verlorenen Grenze aufgebrochen, um es sich hier durch einen Zwischenfall stören zu lassen. Er hielt es überhaupt für einen Verrat an der magyarischen Nation, wenn sich einer ihrer Angehörigen die Gelegenheit, einen Csárdás zu tanzen, zu dem er aus Rassegründen verpflichtet war, durch ein Gerücht verderben ließ. Er klemmte das Monokel fester, wie immer, wenn er national zu fühlen hatte, ähnlich wie ein Greis seinen Stock stärker faßt, wenn er eine Wanderung beginnt, und sagte in dem Deutsch der Ungarn, das wie eine Art weinerlichen Buchstabierens klang: „Herr von Babenhausen hat sehr recht! Sehr recht! Wann der Herr Thronfolger wirklich ermordet ist, so gibt es noch andere Thronfolger!"

Herr von Sennyi, magyarischer von Geblüt als Herr von Nagy und von plötzlicher Angst erfaßt, ein Judenstämmling könnte ihn in ungarischer Gesinnung übertreffen, erhob sich und sagte: „Wann der Herr Thronfolger ermordet ist, so erstens wissen wir noch nichts Sicheres davon, zweitens geht uns das gar nichts an!"

„Es geht uns etwas an", sagte der Graf Benkyö, „aber er ist gar nicht ermordet. Es ist ein Gerücht!"

Draußen rauschte der Regen mit steter Gewalt. Die blauweißen Blitze wurden immer seltener, der Donner entfernte sich.

Oberleutnant Kinsky, an den Ufern der Moldau aufgewachsen, behauptete, der Thronfolger sei jedenfalls eine höchst unsichere Chance der Monarchie gewesen – vorausgesetzt, daß man das Wort „gewesen" überhaupt anwenden könne. Er selbst, der Oberleutnant, sei der Meinung seiner Vorredner: die Ermordung des Thronfolgers müsse als ein falsches Gerücht aufgefaßt werden. Man sei hier so weit von dem angeblichen Tatort entfernt, daß man gar nichts kontrollieren könne. Und die volle Wahrheit würde man jedenfalls erst spät nach dem Fest erfahren.

Der betrunkene Graf Battyanyi begann hierauf, sich mit seinen Landsleuten auf ungarisch zu unterhalten. Man verstand kein Wort. Die andern blieben still, sahen die Sprechenden der Reihe nach an und warteten, immerhin ein wenig bestürzt. Aber die Ungarn schienen munter fortfahren zu wollen, den ganzen Abend; also mochte es ihre nationale Sitte heischen. Man bemerkte, obwohl man weit davon entfernt war, auch nur eine Silbe zu begreifen, an ihren Mienen, daß sie allmählich anfingen, die Anwesenheit der andern zu vergessen. Manchmal lachten sie gemeinsam auf. Man fühlte sich beleidigt, weniger, weil das Gelächter in dieser Stunde unpassend erschien, als weil man seine Ursache nicht feststellen konnte. Jelacich, ein Slowene, geriet in Zorn. Er haßte die Ungarn ebenso, wie er die Serben verachtete. Er liebte die Monarchie. Er war ein Patriot. Aber er stand da, die Vaterlandsliebe in ausgebreiteten, ratlosen Händen, wie eine Fahne, die man irgendwo anbringen muß und für die man keinen Dachfirst findet. Unmittelbar unter der ungarischen Herrschaft lebte ein Teil seiner Stammesgenossen, Slowenen und ihre Vettern, die Kroaten. Ganz Ungarn trennte den Rittmeister Jelacich von Österreich und von Wien und vom Kaiser Franz Joseph. In Sarajevo, beinahe in seiner Heimat, vielleicht gar von der Hand eines Slowenen, wie der Rittmeister Jelacich selbst einer war, war der Thronfolger getötet worden. Wenn der Rittmeister nun anfing, den Ermordeten gegen die Schmähungen der Ungarn zu verteidigen (er allein in dieser Gesellschaft verstand Ungarisch), so konnte man ihm erwidern, seine Volksgenossen seien ja die Mörder. Er fühlte sich in der Tat ein bißchen mitschuldig. Er wußte nicht warum. Seit etwa hundertfünfzig Jahren diente seine Familie redlich und ergeben der Dynastie der Habsburger. Aber schon seine beiden halbwüchsigen Söhne sprachen von der Selbständigkeit aller Südslawen und verbargen vor ihm Broschüren, die aus dem feindlichen Belgrad stammen mochten. Nun, er liebte seine Söhne! Jeden Nachmittag um ein Uhr, wenn das Regiment das Gymnasium passierte, stürzten sie ihm entgegen, sie flatterten aus dem großen, braunen Tor der Schule, mit zerrauftem Haar und Gelächter in den offenen Mündern, und väterliche Zärtlichkeit zwang ihn, vom Pferd zu steigen und die Kinder zu umarmen. Er schloß die Augen, wenn er sie verdächtige Zeitungen lesen sah, und die Ohren, wenn er sie Verdächtiges reden hörte. Er war klug, und er wußte, daß er ohnmächtig zwischen seinen Ahnen und seinen Nachkommen stand, die bestimmt waren, die Ahnen eines ganz neuen Geschlechts zu werden. Sie hatten sein Gesicht, die Farbe seiner Haare und seiner Augen, aber ihre Herzen schlugen einen neuen Takt, ihre Köpfe gebaren fremde Gedanken, ihre Kehlen sangen neue und fremde Lieder, die er nicht kannte. Und mit seinen vierzig Jahren fühlte sich der Rittmeister wie ein Greis, und seine Söhne kamen ihm vor wie unbegreifliche Urenkel.

Es ist alles gleich, dachte er in diesem Augenblick, trat an den Tisch und schlug mit der flachen Hand auf die Platte. „Wir bitten die Herren", sagte er, „die Unterhaltung auf deutsch fortzusetzen."

Benkyö, der gerade gesprochen hatte, hielt ein und antwortete: „Ich will es auf deutsch sagen: Wir sind übereingekommen, meine Landsleute und ich, daß wir froh sein können, wann das Schwein hin is!"

Wie ein Blitz aus heiterem Himmel: Plötzliche Musikophilie

Der New Yorker Neurologe Oliver Sacks ist berühmt für seine bizarren Fallgeschichten aus der Welt der Neurologie. Doch selbst für Sacks'sche Verhältnisse fällt die Geschichte von der plötzlichen Liebe zur Musik, die er in seinem Buch „Der einarmige Pianist" berichtet, aus dem Rahmen.

Tony Cicoria war zweiundvierzig, durchtrainiert und kräftig, ein ehemaliger College-Footballspieler, der es zum angesehenen Orthopäden in einer Kleinstadt im Norden des Staates New York gebracht hatte. Eines Nachmittags im Herbst befand er sich in einem Pavillon an einem Seeufer, in dem ein Familientreffen stattfinden sollte. Das Wetter war angenehm und etwas windig, doch in der Ferne bemerkte er einige Gewitterwolken; es sah nach Regen aus.

Er ging zu einem Münzfernsprecher außerhalb des Zeltes, um rasch seine Mutter anzurufen (es war im Jahr 1994, vor Anbruch des Handyzeitalters). Noch heute erinnert er sich an jede Sekunde des folgenden Geschehens: „Ich telefonierte mit meiner Mutter. Es regnete ein bisschen, in der Ferne Donner. Meine Mutter legte auf. Das Telefon war dreißig Zentimeter von mir entfernt, als ich getroffen wurde. Ich erinnere mich, wie ein Blitz aus dem Telefon kam. Er traf mich ins Gesicht. Danach weiß ich nur noch, dass ich nach hinten flog."

Dann – er schien zu zögern, bevor er fortfuhr – „flog ich nach vorn. Verblüfft sah ich mich um. Ich erblickte meinen eigenen Körper am Boden. Ich sagte mir: ‚Oh, Scheiße, ich bin tot.' Ich sah, wie Menschen sich dem Körper näherten. Wie eine Frau – sie hatte hinter mir auf das Telefon gewartet – sich über meinen Körper beugte und mich reanimierte ... ich schwebte die Treppe hinauf – mein Bewusstsein mit mir. Ich sah meine Kinder, und mir war klar, dass sie ohne mich zurechtkommen würden. Dann umgab mich ein bläulich weißes Licht ... ein ungeheures Gefühl von Wohlergehen und Frieden. Die Höhe- und Tiefpunkte meines Lebens rauschten an mir vorüber. Das löste überhaupt keine Gefühle in mir aus ... reines Denken, reine Ekstase. Ich hatte das Empfinden, zu beschleunigen, nach oben gezogen zu werden ... Ich registrierte Geschwindigkeit und Richtung. Dann, als ich mir sagte: ‚Das ist das großartigste Gefühl, das ich jemals hatte' – ZACK! war ich zurück."

Dr. Cicoria wusste, dass er in seinem Körper zurück war, weil er Schmerzen hatte – Schmerzen von den Verbrennungen im Gesicht und am linken Fuß, den Stellen, wo die elektrische Ladung in seinen Körper ein- und wieder ausgetreten war –, und ihm wurde klar: „Nur Körper können so empfinden." Er wollte zurück, er wollte der Frau sagen, sie solle mit der Reanimation aufhören und ihn gehen lassen; aber es war zu spät – er war unwiderruflich unter die Lebenden zurückgekehrt. Nach ein oder zwei Minuten, als er wieder sprechen konnte, sagte er: „Schon gut – ich bin Arzt!" Die Frau (wie sich herausstellte, eine Intensivschwester) erwiderte: „Vor ein paar Minuten waren Sie es nicht mehr."

Die Polizei kam und wollte einen Krankenwagen rufen, doch Cicoria wehrte sich mit Händen und Füßen. Da fuhren sie ihn nach Hause („es schien Stunden zu dauern"), von wo aus er seinen eigenen Arzt, einen Kardiologen, anrief. Als der Kardiologe ihn untersuchte, meinte er, Cicoria müsse einen kurzen Herzstillstand gehabt haben, konnte aber bei seiner Untersuchung und im EKG nichts Ungewöhnliches feststellen. „Bei solchen Geschichten sind Sie entweder lebendig oder tot", meinte der Kardiologe. Er glaubte nicht, dass Dr. Cicoria von diesem merkwürdigen Unfall irgendwelche Folgen zurückbehalten würde.

Cicoria suchte auch einen Neurologen auf – er fühlte sich träge (höchst ungewöhnlich für ihn) und hatte gewisse Gedächtnisprobleme. Er vergaß die Namen guter Bekannter. Doch auch die neurologischen Untersuchungen, EEG und Kernspin, ergaben nichts Ungewöhnliches.

Zwei Wochen später, als seine Energie zurückkehrte, nahm Dr. Cicoria seine Arbeit wieder auf. Er hatte noch immer ein paar nachklingende Gedächtnisprobleme – gelegentlich vergaß er die Namen seltener Krankheiten oder chirurgischer Verfahren –, aber alle seine chirurgischen Fertigkeiten waren davon unbeeinträchtigt. Nach Weiteren zwei Wochen hatten sich seine Gedächtnisprobleme gelegt, und er glaubte, damit sei die Sache ausgestanden.

Was dann geschah, lässt Cicoria selbst heute noch staunen, zwölf Jahre danach. Das Leben war scheinbar zur Normalität zurückgekehrt, als „plötzlich, innerhalb von zwei oder drei Tagen, dieses unersättliche Verlangen auftrat, Klaviermusik zu hören". Dafür gab es überhaupt keinen Anknüpfungspunkt in seiner Vergangenheit. Als Kind habe er ein paar Klavierstunden gehabt, sagte er, „aber kein wirkliches Interesse". In seinem Haus gab es kein Klavier. Wenn er Musik hörte, dann eher Rockmusik.

Als diese plötzliche Lust auf Klaviermusik einsetzte, begann er, entsprechende Aufnahmen zu kaufen, und begeisterte sich besonders für Vladimir Ashkenazys Einspielungen seiner Lieblingsstücke von Chopin – Militär-Polonaise, Winterwind-Etüde, Schwarze-Tasten-Etüde, As-Dur-Polonaise, b-Moll-Scherzo. „Ich war von allen hingerissen“, sagte Cicoria. „Ich hatte das Bedürfnis, sie zu spielen. Ich bestellte alle Noten. Zu diesem Zeitpunkt fragte eine unserer Babysitterinnen, ob sie ihr Klavier bei uns unterstellen dürfe – so trudelte uns genau in dem Augenblick, wo ich mich danach sehnte, ein hübsches kleines Klavier ins Haus. Das kam mir gerade recht. Ich konnte nur mit Mühe Noten lesen, kaum spielen, aber ich begann, es mir selbst beizubringen.“ Die wenigen Klavierstunden seiner Kindheit waren mehr als dreißig Jahre her, und seine Finger kamen ihm steif und ungeschickt vor.

Und dann, im Kielwasser dieses plötzlichen Verlangens nach Klaviermusik, begann Cicoria, Musik in seinem Kopf zu hören. „Beim ersten Mal“, sagte er, „war es ein Traum. Ich hatte einen Smoking an, stand auf der Bühne; ich spielte etwas, das ich selbst geschrieben hatte. Verwirrt wachte ich auf, und die Musik war immer noch in meinem Kopf. Ich sprang aus dem Bett und versuchte, sie aufzuschreiben, soweit ich mich an sie erinnern konnte. Aber ich wusste kaum, wie ich in Notenschrift festhalten sollte, was ich hörte. Es war nicht allzu erfolgreich – er hatte noch nie versucht, Musik zu schreiben oder in Noten niederzulegen. Doch jedes Mal, wenn er sich ans Klavier setzte, um Chopin zu üben, „kam mir meine eigene Musik in den Sinn und nahm mich gefangen. Sie war ungeheuer präsent.“

Ich war mir nicht ganz sicher, was ich von dieser gebieterischen Musik halten sollte, die fast unwiderstehlich von seinem Bewusstsein Besitz ergriff und ihn überwältigte. Hatte er musikalische Halluzinationen? Nein, Dr. Cicoria bestritt, dass es sich um Halluzinationen handelte – „Inspiration“ sei das richtigere Wort. Die Musik sei da, tief in seinem Inneren – oder irgendwo sonst –, er müsse ihr lediglich Einlass gewähren. „Es ist wie eine Frequenz, ein Radioband. Wenn ich mich öffne, kommt sie. Fast möchte ich sagen: ‚Sie fällt vom Himmel herab‘, wie Mozart es ausgedrückt hat.“

Seine Musik ist unaufhörlich. „Sie versiegt nie“, fuhr er fort. „Wenn überhaupt, muss ich sie abstellen.“

Jetzt musste er nicht nur damit ringen, Chopin spielen zu lernen, sondern auch, der Musik, die ständig in seinem Kopf ablief, eine Form zu geben, sie auf dem Klavier zu probieren und auf Notenpapier festzuhalten. „Es war ein schrecklicher Kampf“, sagte er. „Um vier Uhr morgens stand ich auf und spielte, bis ich zur Arbeit ging, und wenn ich nach Hause kam, saß ich den ganzen Abend am Klavier. Meine Frau war nicht besonders erfreut. Ich war besessen.“

Im dritten Monat nach dem Blitzschlag war Cicoria – der einst so unbeschwerte, freundliche Familienmensch, dem Musik fast gleichgültig gewesen war – von Musik beseelt, ja, besessen, und hatte kaum noch Zeit für irgendetwas anderes. Er begann zu glauben, er sei aus einem besonderen Grund „gerettet" worden. „Ich bildete mir ein", sagte er, „dass der einzige Grund dafür, weiterleben zu dürfen, die Musik sei." Ich fragte ihn, ob er vor dem Blitzschlag religiös gewesen sei. Er sei katholisch erzogen worden, sagte er, habe das aber nie besonders ernst genommen; er hänge auch einigen „unorthodoxen" Vorstellungen an, etwa der Wiedergeburt.

Er gelangte sogar zu der Überzeugung, selbst eine Art Wiedergeburt erlebt zu haben, die ihn verwandelt und ihm das besondere Talent geschenkt habe, sich auf die Musik „einzustimmen", die er, halb metaphorisch, „Musik vom Himmel" nannte. Die ergoss sich häufig in einem „absoluten Sturzbach" von Tönen, ununterbrochen, pausenlos, und er musste ihr Form und Gestalt verleihen. (Als er das sagte, musste ich an Caedmon denken, den angelsächsischen Dichter aus dem 7. Jahrhundert, einen Ziegenhirten, der weder lesen noch schreiben konnte, aber, so erzählte man sich, die „Kunst des Singens" eines Nachts im Traum empfangen habe und den Rest seines Lebens damit verbrachte, Gott und die Schöpfung in Hymnen und Gedichten zu preisen.)

Cicoria setzte die Arbeit am Klavierspielen und Komponieren fort. Er besorgte sich Bücher über Notenschrift und erkannte bald, dass er einen Musiklehrer brauchte. Er reiste zu den Konzerten seiner Lieblingsinterpreten, hatte aber nichts mit Musikfreunden in der eigenen Stadt und den dortigen Musikveranstaltungen im Sinn. Es war eine einsame Beschäftigung, die nur ihn und seine Muse anging. Ich fragte ihn, ob er seit dem Blitzschlag andere Veränderungen an sich festgestellt habe – ein neues Kunstverständnis vielleicht, andere Lektürevorlieben, neue Überzeugungen? Cicoria sagte, er sei seit der Nahtod-Erfahrung „sehr spirituell" geworden. Er habe angefangen, alle Bücher über Nahtod-Erfahrungen und Blitzeinschläge zu lesen, die er habe finden können. Er habe sich „eine ganze Bibliothek über Tesla" zugelegt und jedes Buch beschafft, das von der schrecklich-schönen Macht der Hochspannung handle. Er glaubte, manchmal „Licht- oder Energieauren" um die Körper der Menschen wahrzunehmen – etwas, was er vor dem Blitzschlag nie gesehen hatte.

Einige Jahre vergingen, und nie wurde Cicoria auch nur für einen Augenblick von seiner Inspiration verlassen. Er arbeitete weiterhin hauptberuflich als Chirurg, doch mit Herz und Verstand gehörte er fortan der Musik. 2004 ließ er sich scheiden und erlitt im selben Jahr einen fürchterlichen Motorradunfall. Er konnte sich nicht daran erinnern, aber seine Harley war von einem anderen Fahrzeug erfasst worden, und er landete im Graben. Bewusstlos und schwer verletzt, mit Knochenbrüchen, einem Milzriss, Lungenperforation, Herzprellungen und Kopfverletzungen, trotz Helm. Dennoch wurde er vollkommen gesund und konnte nach zwei Monaten wieder arbeiten. Weder sein Unfall noch seine Kopfverletzung, noch seine Scheidung schienen irgendetwas an seiner Leidenschaft fürs Klavierspielen und Komponieren geändert zu haben. [...]

Im letzten Frühjahr nahm Cicoria an einer zehntägigen musikalischen Freizeit für Musikstudenten, begabte Laien und junge Berufsmusiker teil. Die Veranstaltung dient Erica vanderLinde Feidner, einer Konzertpianistin, zugleich als Verkaufsausstellung, denn sie hat sich darauf spezialisiert, das ideale Klavier für jeden ihrer Kunden zu finden. Tony hatte gerade ein Instrument von ihr gekauft, einen Bösendorfer Flügel, ein in Wien gefertigtes Unikat – und sie fand, er habe einen bemerkenswerten Instinkt bei der Auswahl eines Instrumentes bewiesen, das genau den von ihm gewünschten Ton hatte. Cicoria glaubte, es sei der richtige Zeitpunkt und der richtige Ort, um sein Debüt als Musiker zu geben. Zwei Stücke studierte er für sein Konzert ein: seine erste Liebe, das b-Moll-Scherzo, und seine erste eigene Komposition, die er Rhapsodie, opus 1, nannte. Sein Spiel und seine Geschichte faszinierte alle Teilnehmer der Freizeit (viele äußerten den nicht ganz ernst gemeinten Wunsch, ebenfalls von einem Blitz getroffen zu werden). Er spielte, sagte Erica, „mit großer Leidenschaft, großem Schwung“ – und wenn nicht mit übermenschlicher Genialität, so doch zumindest mit beachtlicher Fertigkeit, eine erstaunliche Leistung für jemanden, der praktisch keine musikalische Ausbildung hatte und sich das Spielen mit zweiundvierzig Jahren selbst beigebracht hatte.

Was ich denn nach allem von seiner Geschichte halte, fragte mich Cicoria. Ob mir jemals etwas Ähnliches untergekommen sei? Ich fragte ihn, was er denn meine und wie er interpretiere, was ihm zugestoßen sei. Er sagte, dass er als Mediziner außerstande sei, diese Ereignisse zu erklären, und dass er ihnen deshalb aus „spiritueller“ Sicht begegne. Ich erwiderte, dass ich bei allem Respekt vor Spiritualität doch der Meinung sei, dass selbst die intensivsten Gemütsverfassungen, die erstaunlichsten Verwandlungen irgendeine physische Basis oder zumindest ein physiologisches Korrelat in der neuronalen Aktivität haben müssten.

Als Dr. Cicoria von einem Blitz getroffen wurde, hatte er sowohl eine Nahtod- als auch eine Außerkörperliche Erfahrung. Viele übernatürliche oder mystische Erklärungen sind für die Außerkörperlichen Erfahrungen vorgeschlagen worden, aber sie sind auch seit mindestens 100 Jahren Gegenstand neurologischer Untersuchung. Der Ablauf dieser Erlebnisse erscheint relativ stereotyp zu sein: Man scheint nicht mehr im eigenen Körper zu sein, sondern außerhalb seiner und schaut in den meisten Fällen aus einer Höhe von zweieinhalb oder zweidreiviertel Metern auf sich hinab (Neurologen sprechen in diesem Fall von „Autoskopie"). Man scheint das Zimmer und den Raum um sich her sowie die anderen Menschen und Gegenstände in der Nähe deutlich zu sehen, aber eben von oben. Menschen, die solche Erlebnisse hatten, berichten häufig von vestibulären Empfindungen wie dem „Schweben" oder „Fliegen" in der Luft. Außerkörperliche Erfahrungen können Furcht, Freude oder ein Gefühl der Distanzierung hervorrufen, aber sie werden gewöhnlich als außerordentlich „real" beschrieben – keineswegs wie Träume oder Halluzinationen. Sie sind bei vielen Arten von Nahtod-Erfahrungen und Temporallappenanfällen geschildert worden. Es gibt Anhaltspunkte dafür, dass sowohl visuell-räumliche wie vestibuläre Aspekte von Außerkörperlichen Erfahrungen mit Funktionsstörungen in der Großhirnrinde zusammenhängen, vor allem im Übergang vom Temporal- zum Parietallappen.

Doch es war nicht nur eine Außerkörperliche Erfahrung, von der Dr. Cicoria berichtete. Er sah auch bläulich weißes Licht, er sah seine Kinder, sein Leben raste an ihm vorbei, er hatte ekstatische Empfindungen und vor allem das Gefühl, etwas Transzendentes und außerordentlich Bedeutsames zu erleben. Was käme als neuronale Basis dafür in Frage? Ähnliche Nahtod-Erfahrungen sind häufig von Menschen beschrieben worden, die in großer Gefahr waren oder zu sein glaubten, etwa bei plötzlichen Unfällen, Blitzeinschlägen oder, in den meisten Fällen, bei Wiederbelebung nach Herzstillstand. All diese Situationen lösen nicht nur Schrecken aus, sondern bewirken wahrscheinlich auch einen plötzlichen Abfall des Blutdrucks und des zerebralen Blutflusses (bei Herzstillstand auch einen Sauerstoffmangel im Gehirn). Es kommt in solchen Zuständen wahrscheinlich zu intensiverer emotionaler Erregung und einer verstärkten Ausschüttung von Noradrenalin und anderen Neurotransmittern, egal, ob es sich bei dem Affekt um Schrecken oder Verzückung handelt. Bislang haben wir kaum eine Vorstellung von den wirklichen neuronalen Korrelaten solcher Erfahrungen, doch die auftretenden Veränderungen von Bewusstsein und Emotionen müssen sehr tief reichen und die emotionalen Teile des Gehirns – die Amygdala und die Hirnstammkerne – sowie den Kortex einbeziehen.

Während Außerkörperliche Erfahrungen den Charakter einer (wenn auch komplexen und singulären) Wahrnehmungstäuschung haben, besitzen Nahtod-Erfahrungen alle Kennzeichen einer mystischen Erfahrung, wie sie William James definiert – Passivität, Unbeschreiblichkeit, Flüchtigkeit und eine noetische Qualität. Von einer Nahtod-Erfahrung wird man vollkommen vereinnahmt, fast buchstäblich in einer Flamme (manchmal auch einem Tunnel oder Trichter) verschluckt und in ein Jenseits gezogen

– jenseits des Lebens und jenseits von Zeit und Raum. Man hat das Empfinden eines letzten Blickes, eines (erheblich beschleunigten) Abschieds von irdischen Dingen, den Orten und Menschen und Ereignissen des Lebens und ein Gefühl der Ekstase oder der Freude, während man seiner Bestimmung entgegenschwebt – eine archetypische Symbolik von Tod und Verwandlung. Derartige Erfahrungen sind von den Betroffenen nicht leicht abzuschütteln und führen manchmal zu einer Metamorphose oder Metanoia, einer Bewusstseinsveränderung, die dem Leben eine neue Richtung oder Orientierung gibt. Wir können bei diesen Erlebnissen, so wenig wie bei Außerkörperlichen Erfahrungen, nicht davon ausgehen, dass es sich um reine Einbildung handelt; in jedem Bericht tauchen ganz ähnliche Grundzüge auf. Nahtod-Erlebnisse müssen auch eine eigene neuronale Basis haben, eine, die das Bewusstsein selbst tiefgreifend verändert.

Wie verhält es sich mit Dr. Cicorias bemerkenswertem Musikalitätsschub, seiner plötzlichen Musikophilie? Patienten mit einer Degeneration der vorderen Gehirnregionen, einer sogenannten frontotemporalen Demenz, zeigen gelegentlich ein verblüffendes Auftreten von musikalischer Befähigung und Begeisterung, während sie Abstraktions- und Sprachvermögen einbüßen – was bei Dr. Cicoria mit Sicherheit nicht der Fall war, dessen sprachliche und geistige Fähigkeiten in jeder Hinsicht unbeeinträchtigt blieben. 1984 beschrieb Daniel Jacome einen Patienten, dessen linke Gehirnhälfte durch einen Schlaganfall geschädigt wurde und der in der Folge neben Aphasie und anderen Problemen auch „Hypermusie" und „Musikophilie" entwickelte. Doch nichts deutete darauf hin, dass Tony Cicoria einen Schlaganfall erlitten hatte oder nennenswerte Hirnschädigungen aufwies, abgesehen von einer sehr flüchtigen Störung seiner Gedächtnissysteme während der ersten ein oder zwei Wochen nach dem Blitzschlag.

Seine Situation erinnerte mich ein bisschen an Franco Magnani, den „Gedächtniskünstler", den ich einmal beschrieben habe. Franco hatte sich nie für einen Maler gehalten, bis er mit einunddreißig Jahren eine merkwürdige Krankheitskrise erlebte – vielleicht eine Form von Temporallappenepilepsie. Nachts träumte er von Pontito, dem kleinen toskanischen Dorf, in dem er geboren wurde. Nach dem Erwachen blieben diese Bilder außerordentlich lebendig, voller Tiefe und Natürlichkeit („wie Hologramme"). Franco wurde von dem Wunsch verzehrt, diese Bilder festzuhalten, sie zu malen, daher brachte er sich selbst das Malen bei und opferte fortan jede freie Minute, um Hunderte von Ansichten Pontitos auf die Leinwand zu bannen.

Hatte Dr. Cicorias Blitzschlag möglicherweise epileptische Tendenzen in seinen Temporallappen ausgelöst? Es gibt viele Berichte über das Einsetzen musikalischer oder anderer künstlerischer Neigungen bei Temporallappenanfällen; Menschen mit solchen Anfallen entwickeln manchmal auch starke mystische oder religiöse Gefühle, wie es bei ihm der Fall war. Nun hatte Cicoria aber nichts beschrieben, was Anfällen in irgendeiner Form ähnelte, auch hatte er nach diesem Vorfall offenbar ein normales EEG gehabt.

Und warum entwickelte sich Cicorias Musikophilie mit solcher Verzögerung? Was war in den sechs oder sieben Wochen geschehen, die zwischen seinem Herzstillstand und dem eher plötzlichen Ausbruch seiner Musikalität verstrichen waren? Wir wissen, dass es unmittelbare Nachwirkungen des Blitzschlags gab: die Außerkörperliche und die Nahtod-Erfahrung, den Verwirrungszustand, der einige Stunden, und die Gedächtnisstörung, die einige Wochen anhielt. Die könnten allein auf die zerebrale Anoxie zurückzuführen sein – sein Gehirn muss mindestens eine Minute lang ohne hinreichende Sauerstoffzufuhr gewesen sein –, allerding kann es zu direkten zerebralen Auswirkungen durch den Blitzschlag selbst gekommen sein. Wir müssen jedoch davon ausgehen, dass Dr. Cicorias scheinbare Genesung einige Wochen nach diesem Ereignis nicht so vollständig war, wie sie erschien, dass es andere, unbemerkte Formen der Hirnschädigung gab und dass sein Gehirn auf die ursprüngliche Läsion reagierte und sich während dieses Zeitraums reorganisierte.

Dr. Cicoria hat das Empfinden, jetzt „ein anderer Mensch" zu sein – musikalisch, emotional, psychologisch und spirituell. Das war auch mein Eindruck, als ich mir seine Geschichte anhörte und Kostproben der neuen Leidenschaften sah, die ihn verwandelt hatten. Aus neurologischer Sicht betrachtet, hatte ich den Eindruck, dass sein Gehirn jetzt ganz anders sein musste als vor dem Blitzschlag oder in den Tagen unmittelbar danach, als neurologische Tests keine schwerwiegenden Befunde brachten. Veränderungen gab es vermutlich in den Wochen danach, als sich sein Gehirn neu organisierte – gewissermaßen auf die Musikophilie vorbereitete. Könnten wir jetzt, zwölf Jahre später, diese Veränderung bestimmen, die neurologische Grundlage seiner Musikophilie? Viele neue und weitaus empfindlichere Tests der Gehirnfunktionen sind entwickelt worden, seit Cicoria 1994 seine Verletzung erlitt, und er stimmte mir zunächst zu, dass es interessant sein müsse, der Sache tiefer auf den Grund zu gehen. Doch kurz darauf überdachte er es noch einmal und meinte, es sei vielleicht das Beste, alles auf sich beruhen zu lassen. Er habe Glück gehabt, und die Musik, egal, wie er zu ihr gekommen sei, sei ein Segen, eine Gnade, die er nicht in Frage stellen wolle.

Sonnenbräune, Sommersprossen und andere Tragödien

Simone Tavenrath ist Kulturwissenschaftlerin, lebt in Marburg und arbeitet in den Bereichen Buchherstellung und -lektorat, Grafik und Design.

Ausgangspunkt des kulturhistorischen Streifzugs soll der Ort sein, der aus heutiger Sicht als Sonnenbade-Ort par excellence gilt, zum Zeitpunkt seiner Entdeckung im 18. Jahrhundert aber ein völlig anderes Erscheinungsbild darbot: der Strand.

Nachdem das Meer viele Jahrhunderte lang vor allem als Gegenstand von Furcht und Abscheu, der Strand als beängstigend und abstoßend empfunden worden war, begannen Anfang des 18. Jahrhunderts zuerst britische Ärzte, die Heilwirkung des Meerwassers zu propagieren und forderten deshalb die Errichtung von Seebädern zu therapeutischen Zwecken. Unzählige verschiedene Krankheiten versuchte man mit Hilfe der sogenannten Thalassotherapie, also der Meerwassertherapie, zu kurieren. Das Publikum, das die in den 1730er Jahren in England errichteten „seaside resorts" frequentierte, stammte vor allem aus Adel und Bürgertum.

Warum hat Deutschland noch kein großes öffentliches Seebad?

Der deutsche Gelehrte Johann Christoph Lichtenberg, der bereits in den 1770er Jahren das englische Seebad Margate besucht hatte und von der Wirkung des Meerwassers beeindruckt und überzeugt war, fragte 1793 im Göttinger Taschen Calender: „Warum hat Deutschland noch kein großes öffentliches Seebad?" Zwar waren die deutschen Mediziner bereits mit den wissenschaftlichen Arbeiten über die heilsame Wirkung des Bades im Meer vertraut, als Lichtenberg mit seinem Aufsatz die Diskussion in Gang zu bringen versuchte. Auch gab es zuvor schon Anstrengungen, Seebäder in Deutschland zu errichten – wie die Initiative des Predigers Janus, der 1783 die Errichtung einer Badeanstalt auf Juist vorschlug –, doch blieben diese frühen Versuche zunächst noch weitgehend fruchtlos. Kaum ein Jahr nach der Veröffentlichung der Lichtenbergschen Erinnerung entbrannte jedoch bereits eine Diskussion um den besten Ort für ein „großes öffentliches Seebad" zwischen den Anhängern der Ostsee und denen der Nordsee; während als Vorteile der Ostsee das ruhige Meer und wärmeres Wasser genannt wurden, pries man als Besonderheiten der Nordsee die Gezeiten, die Wellen, den Salzgehalt des Wassers und den feinen Sand des Strandes. Im gleichen Jahr wurde an der Ostseeküste in Doberan unter der Direktion des fürstlichen Leibarztes Samuel Gottlieb Vogel das erste große deutsche Seebad gebaut. Für das wohlhabende Publikum konzipiert, gehörten zum Kurbetrieb „Am Heiligen Damm" neben einer Promenade ein Gesellschaftshaus, ein Schauspielhaus und ein Kurorchester.

Badeschaluppen und Badekarren

Seit den Anfängen des Seebadens gelangten Frauen und Männer von getrennten Badeplätzen mit Hilfe von Badeschaluppen oder Badekarren ins Wasser. Die erste Badeschaluppe in Deutschland wurde 1794 in Betrieb genommen. Es handelte sich dabei um ein etwa neun Meter langes, drei Meter breites Segelboot, das mit einem Umkleidezimmer versehen war. An einer günstigen Badestelle wurde man in einem Badekasten oder -korb in die See hinabgelassen.

Neben den Badeschaluppen, die – nicht zuletzt, weil viele Leute seekrank wurden – bald aus der Mode kamen, gab es sogenannte Badekarren. Diese um 1750 von einem Engländer namens Benjamin Beale konstruierten, mobilen Umkleidekabinen wurden in der Regel von Pferden gezogen. Frauen und Männer wurden so von getrennten Strandabschnitten aus ins Wasser gebracht. Im Badekarren befanden sich außerdem ein Badediener

Bis ins 20. Jahrhundert hinein prägten Badekarren das Strandbild

Karikaturistische Darstellung des Strandlebens im 19. Jahrhundert. Gustave Doré: Im Seebad, 1849

oder eine Badewärterin, welche beim Umkleiden behilflich waren. Vor allem in Deutschland herrschten allerorts strenge Baderegeln: Regeln, die dem Kulturhistoriker Alain Corbin zufolge einerseits über getrennte Strände „den sozialen Unterschieden stärker Rechnung" tragen sollten, die aber nicht zuletzt auch dafür sorgen sollten, daß das Gebot der „Geschlechtertrennung und das strikte Verbot der Zurschaustellung körperlicher Blößen" befolgt wurden. So gab es beispielsweise in Swinemünde eine Unterteilung des Badestrandes in fünf Zonen: eine erste für Männer unterer Gesellschaftsschichten, ohne Badekarren und ohne Umkleidekabinen; daneben eine zweite, für Männer der gehobeneren Schichten, mit gut ausgestatteten Kabinen, Badekarren und Wegen aus Holzplanken; eine dritte, etwa 500 Meter breite Zone, die frei blieb, einen vierten Strandabschnitt für die Damen der gehobeneren Schichten, mit gleichsam luxuriöser Ausstattung; zuletzt eine fünfte Zone, die der ersten glich, für die Frauen der unteren Schichten.

Um 1900 entstanden dann die ersten Familienbäder. Dennoch war es Frauen und Männern noch lange nicht überall gestattet, dieselbe Badeanstalt oder denselben Strandabschnitt zu betreten – schon gar nicht, wenn sie nicht verheiratet waren. Das Baden direkt vom Strand aus war überdies vielerorts qua Verbot der Generalversammlung des Verbandes Deutscher Ostseebäder nicht gestattet. Neben moralischen Gründen spielten hier offenbar aber auch wirtschaftliche Interessen eine Rolle, da man offensichtlich nicht gewillt war, auf die Eintrittsgelder für die Badeanstalten zu verzichten. Erst um 1925 wurde das Freibaden direkt vom Strand aus fast überall durchgesetzt.

Die Praxis des Badens im Meer mit Hilfe von Badeschaluppen und Badekarren macht deutlich, daß es vor allem auf die therapeutische Berüh-

Zum Schutze des hellen Teints in vollständiger Toilette: Strandbekleidung um 1900

rung des Körpers mit dem kalten Wasser ankam. Luft-, Licht- und Sonnenbäder spielten, zumindest im Kontext der Seebäder, im 19. Jahrhundert noch keine Rolle. Im Gegenteil: Die übliche Strandkleidung entsprach in gehobenen Kreisen der vollständigen Toilette, die darüber hinaus durch diverse Sonnenschutz-Accessoires ergänzt wurde. Hüte, Schleier, Handschuhe und Sonnenschirme sollten dafür sorgen, daß der weiße Teint den Damen erhalten blieb. Bis die Hüllen zugunsten nahtloser Bräune allmählich zu fallen begannen, sollten noch Jahrzehnte vergehen.

Zarter, blendend schöner Teint

Die weiße, ungebräunte Haut ist nicht nur als Schönheitsmerkmal oder Körpermode zu deuten, sondern vor allem als Distinktionsmerkmal der Oberschichten – oder derjenigen, die dazugehören wollten –, also als Statussymbol auf der Haut, das signalisierte, daß man nicht – oder zumindest nicht draußen – arbeiten mußte. Claudia Bölling und Rolf Horst beschreiben dies in ihrer Kulturgeschichte des Schirmes aus dem Jahr 1995 folgendermaßen: „Sich vor der Sonne zu schützen war der Oberklasse vorbehalten. Die vornehme Blässe war ostentatives Attribut der herrschenden Klasse, schon ein Hauch von Bräune galt als Faux-pas, setzte man sich damit doch mit der arbeitenden Bevölkerung gleich. Die arbeiten mußten, und dies vornehmlich an der freien Luft, waren durch ihre Hautfarbe ‚gebrandmarkt', als Plebs erkennbar und ausgegrenzt von den ‚Herrschaften'."

Eines der wichtigsten ‚Sonnenschutzmittel' im 19. Jahrhundert war der Sonnenschirm. Er erfreute sich auch deshalb großer Beliebtheit, weil er

Ersatz für die „Vielzahl von uneleganten und wenig schmeichelhaften Schleiern und Masken war“, welche bis dahin häufig getragen wurden, „um Sonnenbräune und auch die Bildung von Sommersprossen zu vermeiden“, so Bölling und Horst. Anhand der Nutzungsgeschichte des Sonnenschirms läßt sich gut ablesen, daß sich das Schönheitsideal des weißen 'Teints' vor allem auf die Frauen bezog. Zwar war es auch für Männer üblich, sich mit Hilfe von Hüten vor der Sonne zu schützen, doch wurde das Tragen eines Schirmes häufig auch als Zeichen der Verweichlichung gedeutet – es sei denn, der Mann trug ihn zum Schutze für eine Frau. Kam es trotz aller Vorsichtsmaßnahmen zu einer Bräunung der Haut, zur Bildung von Sommersprossen oder gar zu einem Sonnenbrand, so griff man auf kosmetische Mittel zur Beseitigung dieser Schönheitsmakel zurück. Zahlreiche Anzeigen für Seifen, Cremes, Puder oder Bleichmittel versprachen noch bis in die ersten Jahrzehnte des 20. Jahrhunderts die Erhaltung oder Wiedererlangung einer „reinen, weissen, sammetweichen Haut“ oder des „zarten, blendend schönen Teints“. Des weiteren gab es noch das vielfach kritisierte Emaillierverfahren für die Haut, das 1906 in

„Ladies' Sunshades“ – unentbehrlich für die Damen der Gesellschaft. Viktorianischer Haushaltskatalog, 1883

der Berliner Illustrirten Zeitung unter der Rubrik „Moderne Schönheitsfolter“ Erwähnung fand – eine Methode, die weder Lachen noch Weinen zuließ. Die porzellanartige Maske deckte zwar alle Makel der Haut ab, der Gesichtsausdruck jedoch war starr und ausdruckslos.

Wie gefürchtet unter allen ‚Teintfehlern‘ insbesondere auch die Sommersprossen waren, verdeutlicht die Tatsache, daß diese – in der Berliner Illustrirten Zeitung ist 1895 die Rede von „verpönten Sommerflecken“ – in Werbeanzeigen stets in einem Atemzug mit Mitessern, Pickeln und Ausschlag genannt und zudem fett gedruckt hervorgehoben wurden.

Werbeanzeige, 1906

Während es für die Entfernung von Sonnenbräune und Sommersprossen zahlreiche Mittel gab, deren Erfolg und Unschädlichkeit betontermaßen garantiert wurden, war man sich über die Entstehung derselben noch keineswegs im klaren: Für die Sommersprossen vermutete man den

Werbeanzeige, 1906

Grund in der punktuellen Verstärkung des Sonnenlichts durch kleine Schweißtröpfchen auf der Haut, Sonnenbrand glaubte man sowohl auf das Licht der Sonne als auch auf das Mondlicht zurückführen zu können. Doch trotz aller Vorsichtsmaßnahmen gab es um die Jahrhundertwende immer häufiger Situationen, in denen auch die gehobene Gesellschaft sich unweigerlich der Sonne auszusetzen hatte. Zunächst wurden Luft,

Werbeanzeige, 1927

Licht und Sonne in den Mittelpunkt eines neuen medizinischen Diskurses gerückt, und außerdem gab es Entwicklungen in der Freizeitgestaltung, die den Körper nach draußen lockten. Insbesondere das im 19. Jahrhundert für Frauen immer populärer werdende Tennisspiel machte es zusehends komplizierter, die angestrebte weiße Haut vor den Strahlen der Sonne zu schützen. Zwar spielten die Frauen noch in Korsett und langem Kleid, doch verzichtete man zugunsten der Sportlichkeit schon auf die Handschuhe, wie eine Karikatur aus der britischen Satirezeitschrift Punch 1883 deutlich zeigt. Die aus heutiger Sicht vielfach als schön empfundene Hautbräunung der Hände wurde, dem Gesichtsausdruck der Damen nach zu urteilen, um 1900 von vielen als regelrechte Katastrophe empfunden.

Karikatur aus der britischen Satirezeitschrift „Punch" von 1883. Die Original-Bildunterschrift lautete: „Die schrecklichen Folgen von allzu langem Tennisspiel im Seebad"

Klimaänderungsszenarien für die Zukunft

Mojib Latif ist Professor für Meteorologie an der Universität Kiel und einer der bekanntesten Meteorologen und Klimaexperten Deutschlands. Er hat zahlreiche Studien zum Klimawandel veröffentlicht.

Die Trägheit des Klimas

Die Trägheit ist eine inhärente Eigenschaft des Klimas. Deshalb treten einige Auswirkungen der anthropogenen Klimaänderung nur langsam in Erscheinung. Einige dieser Auswirkungen könnten irreversibel sein, d. h. nicht umkehrbar, wenn bestimmte Schwellenwerte überschritten werden. Die Lage dieser Schwellenwerte ist allerdings nur ungenau bekannt. Die Stabilisierung der CO_2-Emissionen auf dem heutigen Stand führt wegen seiner langen Lebensdauer nicht zu einer Stabilisierung der CO_2-Konzentration, während die Stabilisierung der Emission von kurzlebigeren Treibhausgasen (wie Methan) zu einer Stabilisierung von deren Konzentrationen führt. Die Stabilisierung der CO_2-Konzentration auf einem bestimmten Niveau erfordert eine Reduktion der globalen Netto-Emission von CO_2 auf einen Bruchteil der derzeitigen Emissionsmengen. Je tiefer das gewünschte Stabilisierungsniveau angesetzt wird, umso früher muss die Reduzierung der globalen Netto-Emission beginnen.

Die Trägheit des Klimas führt dazu, dass sich noch lange nach der Stabilisierung der CO_2-Konzentration das Klima ändert. Klimamodelle zeigen, dass die oberflächennahe Lufttemperatur nach der Stabilisierung der atmosphärischen CO_2-Konzentration mindestens über ein Jahrhundert um einige Zehntel Grad und der Meeresspiegel über viele Jahrhunderte um viele Dezimeter weiter ansteigt. Der langsame Transport von Wärme in die Ozeane und die langsame Reaktion der Eisschilde haben zur Folge, dass es über ein Jahrtausend lang dauert, bis ein neuer Gleichgewichtszustand des Meeresspiegels erreicht wird (Abb. 1).

Einige Änderungen im Klimasystem, die bei Betrachtung über das 21. Jahrhundert hinaus plausibel sind, wären möglicherweise irreversibel. So könnten durch beträchtliches Abschmelzen der großen Eisschilde verursachte grundlegende Änderungen in den Mustern der Ozeanzirkulation, beispielsweise des Golfstroms, über eine Periode von vielen Menschengenerationen nicht rückgängig gemacht werden. Der Schwellenwert für

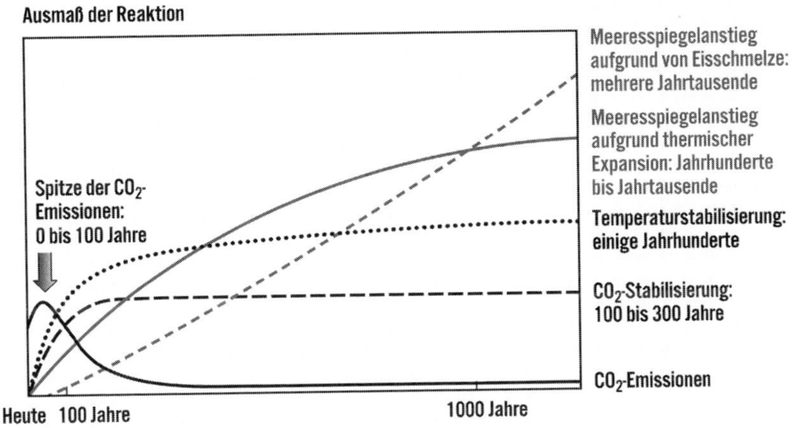

1 Auch nach der Reduktion von CO2-Emissionen und der Stabilisierung der atmosphärischen Konzentration steigen die Oberflächentemperaturen für ein Jahrhundert oder mehr weiter um wenige Zehntel Grade pro Jahrhundert an. Die thermische Ausdehnung der Ozeane setzt sich noch lange nach der Reduktion der CO2-Emissionen fort, und schmelzende Eisschilde tragen noch für viele Jahrhunderte weiter zur Meeresspiegelerhöhung bei. Diese Abbildung ist eine generische Veranschaulichung für eine Stabilisierung auf beliebigen Niveaus zwischen 450 und 1000 ppm und trägt daher keine konkreten Zahlen auf der Auswirkungsachse (nach IPCC 2001b).

grundlegende Änderungen der Ozeanzirkulation kann bei einer geringeren Erwärmung erreicht werden, falls die Erwärmung eher schnell als allmählich verläuft. Die Trägheit und die Möglichkeit der Irreversibilität sind wichtige Gründe, warum vorausschauende Anpassungs- und Verminderungsmaßnahmen geboten sind.

Was bringt die Zukunft?

Durch die Verbrennung fossiler Brennstoffe und anderer menschlicher Aktivitäten erhöhen sich die Konzentrationen atmosphärischer Treibhausgase, beispielsweise des Kohlendioxids oder des Methans, aber auch die anderer Spurenstoffe, die in Partikelform (z. B. als Sulfataerosole) einen Teil des Sonnenlichtes reflektieren und damit dem anthropogenen Treibhauseffekt entgegenwirken. Die zukünftigen Folgen für das Klima der Erde können mit Hilfe von Computersimulationen abgeschätzt werden. Dazu werden globale Klimamodelle gerechnet, welche die Wechselwirkung zwischen den physikalischen Prozessen in Atmosphäre, Ozean, Meereis und Landoberflächen quantitativ beschreiben. Als Eingabeparameter benötigt ein Modell unter anderem die Konzentrationen der wichtigsten langlebigen Treibhausgase, während die Konzentrationen kurzlebiger Aerosole, die eng mit internen Prozessen wie Wolken- und Niederschlagsbildung verbunden sind, im Allgemeinen innerhalb des Klimamodells aus den vorgegebenen Emissionen berechnet werden.

Die Ergebnisse der Klimamodelle hängen aber entscheidend vom jeweiligen „Szenarium" ab, d. h. von den Annahmen über die zukünftige Entwicklung der Weltbevölkerung, der Industrialisierung, des Verbrauchs fossiler Brennstoffe etc. (in Abb. 2 sind die Szenarien für die

2 Szenarien (angenommene Entwicklung) der CO2-Konzentration für die Periode 1990–2100 (nach IPCC 2001 b)

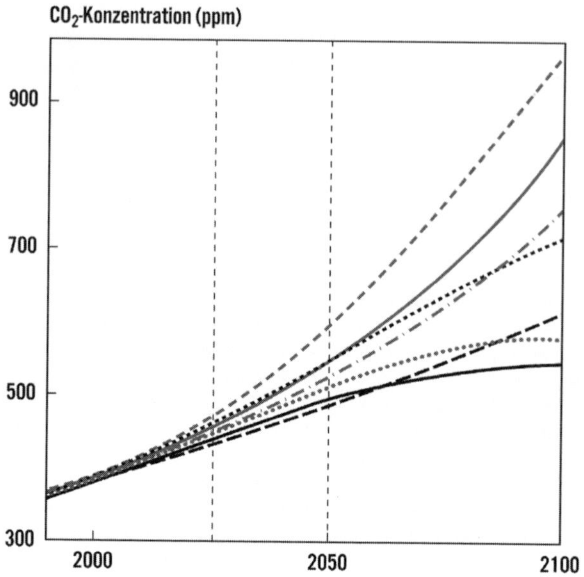

CO_2-Konzentration aufgezeigt, die unter anderem als Antriebe für die Klimamodelle dienen). Verschiedene Klimamodelle liefern aber auch unterschiedliche Erwärmungen, wenn sie mit demselben Szenarium gerechnet werden. Das IPCC gibt für die Entwicklung der Globaltemperatur für die Zeitspanne 1990–2100 eine Bandbreite von 1,4–5,8 °C an (Abb. 3). Diese relativ große Spanne wird zum einen durch die Unsicherheit in

3 Die mit globalen Klimamodellen berechnete Änderung der Globaltemperatur für die Periode 2000–2100 (nach IPCC 2001 b)

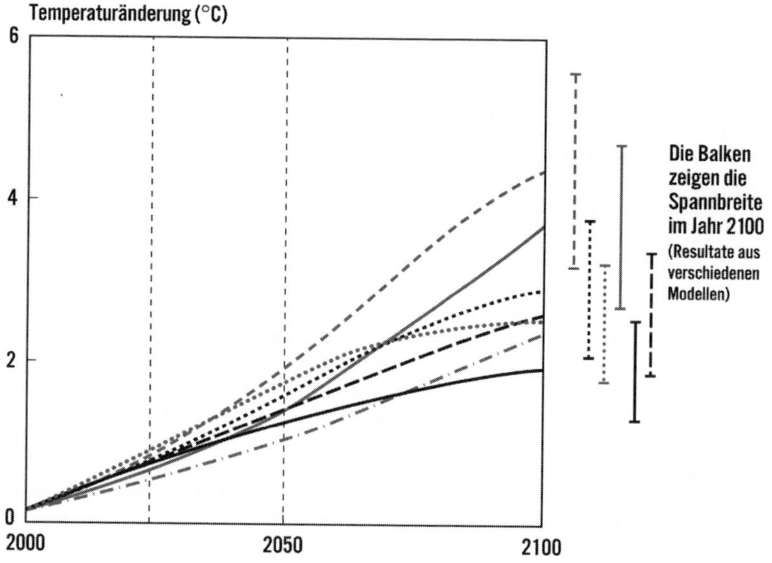

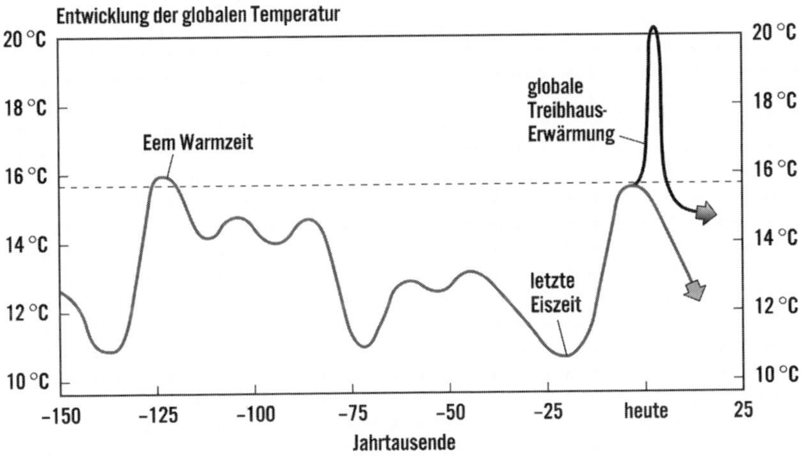

4 Die maximal mögliche Treibhauserwärmung bis zum Jahr 2100 im Vergleich der Temperaturen der letzten 150 000 Jahre

dem zukünftigen Spurengasausstoß und zum anderen durch die Modellunsicherheit hervorgerufen. Allerdings haben wir wegen der Trägheit des Klimas – selbst bei einer sehr starken Reduktion des Spurengasausstoßes bis zum Jahr 2100 – auf jeden Fall mit einer weiteren Erwärmung von ca. 1,5 °C zu rechnen. Die sehr starken Erwärmungen könnten wir aber noch vermeiden.

Im Extremfall würden wir uns also einer Erdmitteltemperatur von ca. 20 °C im Jahr 2100 nähern. Wie aus der Abbildung 4 zu erkennen ist, wäre dies eine Temperatur, die deutlich über der für historische Warmzeiten typischen Temperatur liegt. Die letzte große Warmzeit, die Eem-Warmzeit, in der sich die Erde vor ca. 125 000 Jahren befunden hat, war deutlich kälter. Eine Erdmitteltemperatur von ca. 20 °C hat es nach heutigen Erkenntnissen seit mindestens einer Million Jahren nicht gegeben. Darüber hinaus entspräche eine Erwärmung von etwa 5 °C dem Temperaturunterschied zwischen der letzten Eiszeit vor 20 000 Jahren und heute. Allerdings würde sich im Gegensatz hierzu die Treibhauserwärmung in nur hundert Jahren entwickeln. Eine derart rapide globale Klimaänderung hat es in der Geschichte der Menschheit noch nicht gegeben.

Klimamodelle können immer nur eine angenäherte Beschreibung des sehr komplexen realen Klimasystems liefern. Generell gilt, dass die Aussagekraft der Modelle umso geringer wird, je kleiner das betrachtete Gebiet ist. So können beispielsweise regionale Details innerhalb Deutschlands weniger genau erfasst werden als Unterschiede zwischen Nord- und Südeuropa. Der Hauptgrund liegt in der noch relativ groben Maschenweite der globalen Klimamodelle von einigen hundert Kilometern, die es nicht erlaubt, Gebirge wie die Alpen gut aufzulösen oder auch kleinräumige Prozesse, wie die Wolken- und Niederschlagsbildung, in allen Einzelheiten darzustellen. Hinzu kommt, dass die Modelle derzeit noch unvollständig sind. So bleiben mögliche Änderungen der Vegetation im zukünftigen Klima meistens ebenso unberücksichtigt wie Änderungen in der Masse des Inlandeises. Als Folge der oben skizzierten Klimaänderungen könnte sich beispielsweise die Vegetation ändern und diese Änderung wiederum auf die Temperatur der Landoberfläche zurückwirken. Derartige vegetationsdynamische Rückkopplungen werden vermutlich in der nächsten Generation der Klimamodelle ebenso berücksichtigt werden wie die Wechselwirkung mit chemischen Prozessen in der Atmosphäre. Es sollte aber festgehalten werden, dass die Modelle die großskaligen und langfristigen Veränderungen des Klimas trotz der oben beschriebenen Unsicherheiten relativ zuverlässig berechnen können.

Das Klima in Europa in der Mitte des 21. Jahrhunderts

Ein Modell des Max-Planck-Instituts für Meteorologie wird nun im Hinblick auf die Veränderungen über Europa analysiert. Die Ergebnisse sind charakteristisch für viele Klimamodelle. Die globale Erwärmung hat eine Zunahme des atmosphärischen Wasserdampfs zur Folge sowie einen verstärkten Wasserdampftransport von den Ozeanen zu den Kontinenten und damit eine Zunahme des Niederschlags über den Landgebieten. Regional sind die Niederschlagsänderungen jedoch sehr verschieden. Dabei fällt generell mehr Niederschlag in hohen Breiten und in Teilen der Tropen, während die regenärmeren Subtropen noch weiter austrocknen. Damit vergrößern sich die Unterschiede zwischen den feuchten und trockenen Klimaten auf der Erde. Diese Aussage gilt auch für das Klima in Europa. Allerdings sind die Niederschlagstendenzen in den Winter- bzw. Sommermonaten sehr unterschiedlich. Während der Sommerniederschlag fast überall in Europa abnimmt, wird im Winter ein ausgeprägtes Nord-Süd-Gefälle vorhergesagt mit einer Abnahme im niederschlagsarmen Südeuropa und einer Zunahme im niederschlagsreichen Mittel- und Nordeuropa. Diese Zunahme hängt zusammen mit intensivierter winterlicher Sturmaktivität über dem Nordostatlantik und verstärkten Westwinden, die feuchte Luft vom Atlantik heranführen. Auffällig sind eine Häufung von Starkniederschlägen und damit eine erhöhte Wahrscheinlichkeit von Überschwemmungen. Dies gilt zum Teil sogar für den Mittelmeerraum, in dem die mittlere Niederschlagsmenge abnimmt. Ursache ist vermutlich der höhere Wasserdampfgehalt der Atmosphäre, der bei extremen Wetterereignissen höhere Niederschlagsmengen ermöglicht als im heutigen Klima.

Regionale und jahreszeitliche Unterschiede sind auch in den simulierten Temperaturänderungen erkennbar. Während im Sommer die größte Erwärmung bis zur Mitte dieses Jahrhunderts von bis zu 2,5°C in Spanien simuliert wird, sind die Erwärmungen im Winter besonders groß (bis zu 5°C) in Regionen wie dem nördlichen Skandinavien oder Russland, in denen als Folge der Erwärmung weniger Schnee fällt. Diese Tendenzen sind auch im Jahresmittel in abgeschwächter Form erkennbar. Insgesamt wird es in unseren Breiten typischerweise ca. 30 Tage pro Jahr weniger mit Frost geben, während sich die Anzahl der Hitzetage pro Jahr mit Maximaltemperaturen von mehr als 30°C ebenfalls um ca. 30 erhöht.

Eine der wichtigen Fragen im Hinblick auf den Klimawandel ist, ob Hochwasser in Europa häufiger auftreten wird. Es gibt verschiedene Ursachen, die Hochwasser in Flüssen zu- oder abnehmen lassen: erstens Eingriffe in die Fließgeschwindigkeit der Flüsse und deren Zuläufe, wie etwa Flussbegradigungen, Dammbau, Bewässerungssysteme oder Änderungen in der Bodennutzung des Flusseinzuggebiets (beispielsweise Abholzung von Wäldern). Diese Faktoren sind von Fluss zu Fluss verschieden und für die Zukunft schwer abschätzbar.

Zweitens werden Häufigkeit und Schwere von Hochwassern entscheidend von einer Klimaänderung bestimmt. Insbesondere extreme Niederschlagsereignisse sind dabei von Bedeutung. Durch den Anstieg der Treibhausgase kommt es nach Aussage aller Modelle neben einer mittleren Erwärmung zu einer Intensivierung des Wasserkreislaufes und damit global gemittelt zu mehr Niederschlag. Was das für einzelne Regionen bedeuten könnte, soll jetzt anhand zweier Rechnungen mit einem globalen Modell der Atmosphäre gezeigt werden. Zunächst wurde das heutige Klima für den Zeitraum 1970–1999 simuliert, indem beobachtete Konzentrationen der Treibhausgase verwendet wurden. Danach wurde das zukünftige Klima für den Zeitraum 2060–2089 simuliert, wobei Abschätzungen für zukünftige Treibhausgaskonzentrationen entsprechend dem Szenarium IS92a des IPCC hochgerechnet wurden. Es handelt sich hierbei um so genannte Zeitscheibenexperimente, bei denen man ein relativ hoch auflösendes Modell (ca. 100 km Auflösung) mit den Bedingungen, die mit einem grob auflösenden Modell (ca. 300 km Auflösung) simuliert wurden, antreibt. Dabei wird das grob auflösende Modell kontinuierlich für den Zeitraum 1860–2100 gerechnet. Die resultierenden Meeresoberflächentemperaturen und Meereisbedeckungen der interessierenden Zeitscheiben (1970–1999 und 2060–2089) werden dann als Antrieb für das hoch auflösende Modell verwendet. Auf diese Weise kann man eine höhere regionale Genauigkeit erzielen, ohne dass man das kostspielige hoch auflösende Modell für die ganze Zeit rechnet.

In Nord- und Mitteleuropa steigt die Anzahl der Tage mit Niederschlägen über 20 mm / Tag deutlich, d.h. extrem starke Niederschläge nehmen zu. Ein Vergleich mit der Simulation des heutigen Klimas zeigt, dass in bestimmten Gebieten sogar eine Verdoppelung der Tage mit Starkniederschlägen auftritt (beispielsweise an der norwegischen Küste). Diese Tendenz kann man heute schon an der Station Hohenpeißenberg im Alpenvorland beobachten, an der sich die Anzahl der Starkniederschläge in den letzten hundert Jahren in etwa verdoppelt hat.

Um den Einfluss der geänderten Niederschläge auf die Flüsse zu untersuchen, wurden die eben vorgestellten Ergebnisse in ein Modell des lateralen Abflusses für Landflächen eingegeben, wobei Eingriffe des Menschen – z.B. durch Dammbau oder Begradigungen von Flüssen – vernachlässigt wurden, um den reinen Klimaeffekt zu bestimmen. In allen Regionen, in denen sowohl der mittlere Niederschlag als auch extreme Niederschlagsereignisse zunehmen, werden starke Hochwasser häufiger. Dies gilt besonders für Nordeuropa und Teile Mitteleuropas, also auch für uns in Deutschland.

Zudem werden vom Modell auch länger anhaltende sommerliche Trockenperioden für große Teile Europas simuliert. Die Extreme werden daher im Sommer in beide Richtungen zunehmen: längere Trockenperioden und mehr Starkniederschläge. Diese Abschätzungen aus Modellrechnungen können nur einen Hinweis geben, wie die zukünftige Entwicklung sein könnte. Noch genauere Berechnungen erhofft man sich von höher auflösenden Modellen. Angestrebt werden in den nächsten zwei Jahren Rechnungen mit globalen Klimamodellen, die typische Gitterweiten von 10 km verwenden. Regionale Klimamodelle, die etwa für Europa gerechnet werden und entsprechend hohe Auflösungen besitzen, bestätigen die Rechnungen mit den globalen Modellen insofern, als dass wir in der Tat im Sommer einerseits mit längeren Trockenperioden, andererseits aber auch mit mehr extremen Niederschlägen zu rechnen haben.

Wie stark steigt der Meeresspiegel?

Der Meeresspiegel unterliegt Schwankungen auf verschiedenen Zeitskalen. Neben kurzfristigen Schwankungen durch Wind oder Gezeiten treten auch längerfristige Veränderungen aufgrund geologischer und klimatologischer Prozesse auf. Letztere lassen sich wiederum in natürliche und vom Menschen verursachte Klimaänderungen einteilen. Die wesentlichen Faktoren der längerfristigen Veränderungen des Meeresspiegels werden im Folgenden einzeln beschrieben.

Erstens bewirkt die Erwärmung des Meerwassers durch den anthropogenen Treibhauseffekt eine Ausdehnung der Wassersäule und führt so zu einem Anstieg des Meeresspiegels. Eine Erwärmung der gesamten Wassersäule um 1 °C würde zum Beispiel einen Anstieg des Meeresspiegels um etwa 50 cm bewirken. Eine solche gleichmäßige Erwärmung der gesamten Wassersäule innerhalb kurzer Zeit ist jedoch unrealistisch. Weil sich der tiefe Ozean sehr viel langsamer als die Ozeanoberfläche erwärmt, verringert sich dadurch auch der ohnehin sehr langsame vertikale Austausch mit dieser und verlangsamt insgesamt den Meeresspiegelanstieg. Die Zahl sollte deshalb nur als Hinweis auf die Größenordnung des Beitrages der „thermischen Ausdehnung" verstanden werden.

Zweitens können sich die großen Eisschilde verändern. Die Antarktis stellt den weltweit größten Speicher an Süßwasser außerhalb der Ozeane dar. Das Volumen wird auf etwa 30 Mio. km^3 geschätzt; vollständiges Abschmelzen würde den Meeresspiegel um mindestens 60 m erhöhen. Der zweitgrößte Speicher ist der Grönländische Eisschild. Sein Volumen wird auf knapp 3 Mio. km^3 geschätzt, bezogen auf den Meeresspiegel würde sein Abschmelzen eine Erhöhung um etwa 6 m bedeuten. Allerdings existieren keine eindeutigen Beobachtungen, die auf ein langfristiges Abschmelzen oder Zunehmen der Eisschilde in der Antarktis oder in Grönland hindeuten würden. Satellitenmessungen aus den letzten Jahren zeigen aber enorme Schmelzraten, die Besorgnis erregend sind. Darüber hinaus ist es völlig unklar, wie Änderungen der Albedo der Eisschilde, d.h. ihres Reflexionsvermögens, beispielsweise durch Ruß, die Stabilität der großen Eispanzer beeinflussen. Infolge verstärkten sommerlichen Abtauens und einer zunehmenden Infiltration mit Schmelzwasser könnten die großen Eisschilde schneller reagieren als bisher angenommen.

Drittens ist seit etwa 100 Jahren ein Rückgang der Gebirgsgletscher, insbesondere auch in den Alpen, zu beobachten. Dieses Abschmelzen führt direkt zum Anstieg des Meeresspiegels, da das Schmelzwasser letztlich in den Ozean gelangt. Das Volumen der Gletscher beträgt etwa 0,2 Mio. km^3. Ein vollständiges Abschmelzen der Gebirgsgletscher würde den Meeresspiegel um etwa 0,5 m ansteigen lassen. Das Schmelzen des im Ozean bereits schwimmenden Meer- und Schelfeises lässt den Meeresspiegel übrigens nicht ansteigen.

Viertens kann durch Hebungen und Absenkungen der Erdkruste vor allem regional eine Anhebung oder Absenkung des Meeresspiegels erfolgen. Es handelt sich dabei jedoch im Allgemeinen um einen sehr langsamen Prozess. Es gibt jedoch auch Ausnahmen mit beträchtlichen Anhebungen oder Absenkung der Erdkruste in relativ kurzer Zeit. Die von den

Eismassen der letzten Eiszeit entlastete skandinavische Halbinsel steigt an einigen Stellen um bis zu 1 m in hundert Jahren an.

Auswertungen von Pegelmessungen der letzten hundert Jahre zeigen einen Anstieg des mittleren Meeresspiegels zwischen 10–20 cm. Die Beobachtungsdaten wurden zur Berechnung dieses Wertes mit den Ergebnissen geologischer Modelle der Erdkrustenbewegung korrigiert, um den Effekt der Anhebung und Absenkung der Erdkruste zu berücksichtigen. Die Unsicherheit im Ergebnis ist dennoch leider recht groß, da zum einen nur wenige lange Pegelmessreihen vorhanden sind, zum anderen die Korrekturen selber Unsicherheiten beinhalten. Satellitenmessungen der letzten Jahre zeigen einen relativ kontinuierlichen Anstieg des Meeresspiegels von ca. 2,7 ± 0,4 mm / Jahr. Der Meeresspiegelanstieg scheint sich also in den letzten Jahren etwas beschleunigt zu haben.

Prognosen für die nächsten hundert Jahre hängen stark mit dem zu erwartenden Temperaturanstieg zusammen. Verschiedene Modellexperimente weisen auf einen weiteren Meeresspiegelanstieg infolge der thermischen Ausdehnung zwischen 9 und 88 cm bis 2100 hin (Abb. 5). Im Mittel ergibt sich ein Anstieg von 49 cm als Vorhersage für das Jahr 2100 (nach IPCC 2001). Im Extremfall kann dieser aber deutlich darüber liegen. Wie sich die großen Eisschilde verhalten, bleibt aber noch offen. Allerdings ist es bei weiter stark ansteigenden Treibhausgaskonzentrationen nicht ausgeschlossen, dass beträchtliche Teile des grönländischen Eispanzers bis 2100 abschmelzen, wodurch ein weiterer signifikanter Beitrag zum Meeresspiegelanstieg hinzukäme. Um die Frage zu beantworten, wie schnell das grönländische

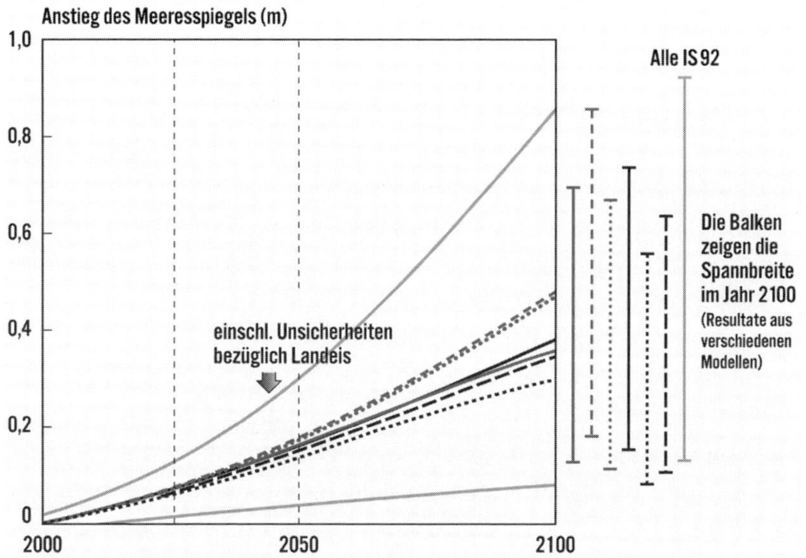

5 Die mit globalen Klimamodellen berechnete Entwicklung des weltweiten Meeresspiegels infolge der thermischen Ausdehnung für die Periode 2000–2100 (nach IPCC 2001a)

Eisschild abschmelzen kann, wurde ein Klimamodell mit einem Eisschildmodell gekoppelt. In einer Simulation, in welcher der CO_2-Gehalt der Atmosphäre von seinem vorindustriellen Wert von 280 ppm innerhalb sehr kurzer Zeit auf das Vierfache, etwa 1100 ppm, erhöht und danach auf diesem Wert stabilisiert wurde, zeigte sich ein Anstieg des Meeresspiegels von maximal 5 mm/Jahr. Nach etwa 600 Jahren waren bereits 40 % des grönländischen Eisschilds geschmolzen. Es ist also durchaus möglich, dass es bis 2100 zu einem globalen Meeresspiegelanstieg von über 1 m kommen kann, wenn man die thermische Expansion (Abb. 5) und das Abschmelzen Grönlands zusammen betrachtet. Neuere Untersuchungen zeigen, dass während der letzten großen Warmzeit, der Eem-Warmzeit, vor etwa 125 000 Jahren der Meeresspiegel etwa 4 m höher lag als heute. Die während des Eems herrschenden Temperaturen werden voraussichtlich in der Arktis schon Mitte dieses Jahrhunderts überschritten sein. Man muss aber an dieser Stelle festhalten, dass die Prozesse im Zusammenhang mit der Eisschilddynamik noch nicht sehr gut verstanden sind, sodass Aussagen über die Stabilität der Eisschilde mit großen Unsicherheiten verbunden sind.

Außerdem wird der Meeresspiegelanstieg durch Änderungen in den Meeresströmungen regional unterschiedlich ausfallen. Alleine ein Zusammenbruch der thermohalinen Zirkulation könnte den Meeresspiegel im Bereich des Nordatlantiks um bis zu 1 m ansteigen lassen, während er im Südatlantik fiele. Dieses hat man mit Hilfe von ozeanischen Modellen simuliert. Auch im Bereich des äquatorialen Pazifiks könnte es infolge einer El Niño-artigen Änderung der Zirkulation zu beträchtlichen regionalen Änderungen im Meeresspiegel kommen. So würde in diesem Fall der Meeresspiegel im westlichen Pazifik um etwa 20 cm fallen und im östlichen Pazifik um etwa 20 cm steigen.

Aufgrund der großen Trägheit der Ozeane steigt der Meeresspiegel in vielen dieser Vorhersagen auch noch viele Jahrhunderte nach einer Stabilisierung der CO_2-Konzentration weiter an (Abb. 1). Dies bedeutet beispielsweise, dass sich der Meeresspiegel infolge der thermischen Ausdehnung um deutlich mehr als 1 m erhöht, wenn man die CO_2-Konzentration bei ca. 1 000 ppm im Jahre 2100 stabilisiert, wobei der größere Anteil des Meeresspiegelanstiegs nach 2100 erfolgt. Modellrechnungen zeigen, dass selbst nach tausend Jahren im Jahr 3000 der Meeresspiegel infolge der Wärmeausdehnung noch weiter ansteigen würde und ein Anstieg bis dahin von deutlich über 2 m zu erwarten wäre. Ähnliche Überlegungen gelten für die Eisschilde Grönlands und der Antarktis. Viele uns nachfolgende Generationen werden daher mit der von uns angestoßenen Klimaänderung zu tun haben. Der Meeresspiegelanstieg könnte zu einem der größten Probleme der Menschheit werden.

Das Potsdam-Memorandum

Im Oktober 2007 trafen sich zahlreiche Wissenschaftler und Politiker in Potsdam zu einem Symposium über den globalen Klimawandel. Sie verabschiedeten ein Memorandum, das mit den Worten beginnt: „Wir stehen an einem geschichtlichen Wendepunkt, wo der Bedrohung unseres Planeten nur mit einer Großen Transformation begegnet werden kann. Diese Transformation muss jetzt beginnen; sie wird von allen Teilnehmern des Nobelpreisträger-Symposiums befürwortet und unterstützt."

Die Notwendigkeit einer Großen Transformation

Die weltweite soziale und wirtschaftliche Entwicklung nach dem Zweiten Weltkrieg hat unseren Planeten in eine beispiellose Krisensituation gestürzt: Menschliche Aktivitäten wirken heute wie eine quasi-geologische Kraft, die die Funktionsweise des natürlichen Erdsystems tief greifend und unumkehrbar verändert – falls diese Dynamik nicht rechtzeitig gebremst wird.

Wie durch den IPCC dargelegt, ist die vom Menschen durch den Ausstoß von Treibhausgasen verursachte globale Erwärmung nur die erste in einer Reihe von Entwicklungs-, Sicherheits- und Umweltkrisen, die eine umfassende Reaktion erfordern. Doch Maßnahmen zum Klimaschutz sind scheinbar nicht mit dem vorherrschenden Wachstums-Paradigma vereinbar, denn dieses lässt den Zusammenhang zwischen menschlichem Gemeinwohl und den begrenzten natürlichen Ressourcen außer Acht. Die Menschheit steht nun vor der Aufgabe, den Ausstoß von Treibhausgasen drastisch zu verringern. Während dies eine veränderte Lebensweise in den wohlhabenden Ländern erfordert, gilt es dagegen in den ärmeren Ländern, in denen der größte Teil der Weltbevölkerung lebt, die Voraussetzungen für Wachstum im Sinne des Rechts auf Entwicklung zu schaffen. Um künftig rund neun Milliarden Menschen auf der Erde ein Leben in Würde zu ermöglichen, muss vor allem deren nachhaltige Versorgung mit bezahlbarer Energie gesichert werden. Bislang hängt die Energieversorgung jedoch fast ausschließlich von den Ressourcen an fossilen Brennstoffen und deren nicht-nachhaltigen Nutzung ab. Die Frage der „Kohlenstoff-Gerechtigkeit" erfordert dringend eine neue Form der internationalen Zusammenarbeit.

Gibt es einen „Dritten Weg" zwischen fortschreitender Umweltzerstörung und lähmender Unterentwicklung? Die Antwort lautet Ja, aber dieser Weg beinhaltet eine zügige und umfassende Neugestaltung unserer Industriegesellschaft. Diese Große Transformation ist eine gewaltige Herausforderung, doch sind wir gegenüber früheren Generationen im Vorteil: Wir verfügen heute über ein ausgereiftes System, Wissen zu produzieren, das prinzipiell dazu genutzt werden kann, diese Transformation unter mutiger politischer Leitung gemeinsam mit aufgeklärten Entscheidungsträgern in der Wirtschaft und der gesamten Zivilgesellschaft herbeizuführen.

Wesentliche Herausforderungen und Handlungsstrategien auf dem Weg zur Nachhaltigkeit

Alle Teilnehmer des Symposiums haben eindeutig den engen Zusammenhang zwischen den Herausforderungen des Klimawandels, der Energiesicherheit und einer nachhaltigen Entwicklung anerkannt. Sie unterstützen den Anspruch der Entwicklungsländer auf sozialen und wirtschaftlichen Fortschritt und berücksichtigen die Wechselwirkungen zwischen Klimaschutz und den kurz-, mittel- und langfristigen Herausforderungen des Wachstums in der Welt. Dementsprechend befürworten sie ausdrücklich die in den *Millennium Development Goals* formulierten Konzepte für eine breit angelegte und vielschichtige Entwicklung.

1

Um die Stabilisierung des Klimas zu erreichen, muss eine Reihe von wirkungsvollen Maßnahmen ergriffen werden. Von größter Bedeutung ist ein Klimaschutzabkommen für die Zeit nach 2012, das folgende Schlüsselelemente enthalten sollte:

- Eine globale Zielmarke, wie etwa eine Begrenzung des Anstiegs der globalen Mitteltemperatur gegenüber dem vorindustriellen Niveau auf 2° Celsius oder – dazu nahezu äquivalent – die Halbierung des weltweiten Treibhausgas-Ausstoßes bis 2050. Zudem ist eine Reihe von kurz- und mittelfristigen Zielsetzungen notwendig, um geeignete Investitionen und Technologien zu fördern. Dadurch verringert sich der Druck, später viel umfangreichere Maßnahmen ergreifen zu müssen.
- Eine Führungsrolle der Industrienationen, sowohl bei der drastischen Verringerung der Emissionen als auch bei der Entwicklung kohlenstoffarmer und -freier Technologien, um Entwicklungsländern im Rahmen einer globalen Partnerschaft den dringend benötigten Raum für wirtschaftliches Wachstum zu geben.

• Kohlenstoff-Gerechtigkeit, also die langfristige Annäherung an weltweit gleiche Pro-Kopf-Emissionsrechte durch einen mittelfristigen Ansatz, der die unterschiedlichen nationalen Leistungsvermögen berücksichtigt. Ein wichtiges Ziel wäre es, die jeweiligen Gesamtemissionen zu verringern, welche sich aus dem Produkt des Pro-Kopf-Ausstoßes und der Bevölkerungszahl ergeben. Beide Faktoren sind in diesem Zusammenhang von Bedeutung.
• Die Etablierung eines globalen Kohlenstoff-Preises, zum Beispiel durch ein internationales Cap-and-Trade-System von Systemen, das auf der Versteigerung von Emissionszertifikaten beruht.
• Die weltweite Förderung klimafreundlicher Innovationen und internationaler Kooperationen von Forschung und Entwicklung (R&D), in Kombination mit generell verstärkter finanzieller Förderung von Forschung, Entwicklung und Verbreitung (RD&D), einschließlich der Grundlagenforschung.
• Wesentliche Beiträge zum Aufbau eines multinationalen Finanzierungssystems, um die Anpassungsfähigkeit an den Klimawandel zu verbessern.
• Erhöhte Anstrengungen und Anreize für Kommunen und Länder, ihre Waldbestände zu bewahren und ökologisch verträgliche Wiederaufforstung zu beschleunigen, um die durch Entwaldung entstandenen Emissionen auszugleichen.
• Die signifikante Minderung von Nicht-CO_2-Treibhausgasemissionen sicherzustellen.

2

Der weltweite Energiebedarf wird erwartungsgemäß stark ansteigen. Energie-Effizienz und eine Reihe bereits verfügbarer Technologien sind der Schlüssel, dieser Entwicklung gerecht zu werden. Um Energiesicherheit im Einklang mit Umweltverträglichkeit zu gewährleisten, sollte sich eine internationale Strategie auf folgende Punkte konzentrieren:
• Eine notwendige (allerdings alleine nicht ausreichende) systemische Effizienz-Revolution, welche die Substitution von Energieträgern, die Kraft-Wärme-Kopplung und eine energiesparende Lebensweise umfasst.
• Ein Portfolioansatz, der systematisch das wirtschaftliche und technologische Potenzial aller relevanten Klimaschutz-Maßnahmen ausschöpft.
• Die Planung von Investitionsstrategien, basierend auf diesem Portfolioansatz. Diese Investitionen sollten u. a. zielen auf intelligente Verbundsysteme, die Infrastruktur von Stromnetzen, Energie-Speichertechnologien, Nachfrage-orientierte Maßnahmen und Ausbau erneuerbarer Energien, wie beispielsweise der Solarenergie, die bereits zum jetzigen Zeitpunkt ein immenses Potenzial hat. Zusätzlich zum Handel mit Kohlenstoffzerti-

fikaten sind Finanzspritzen erforderlich, um neue Technologien zu fördern und ihren Marktanteil zu vergrößern, z. B. durch Einspeisegesetze für die Nutzung erneuerbarer Energien.

- Die zügige Realisierung von Demonstrationsprojekten zur fortschrittlichen Gewinnung von Solarenergie und zur Kohlenstoff-Sequestrierung, um Innovationen zu beschleunigen und Kosten zu senken.
- Die Stabilisierung langfristiger Erwartungen von Investoren an Kapitalmärkte und die Einrichtung von Institutionen, die zur Finanzierung kohlenstoffarmer Technologien in Entwicklungsländern Mikrokredite vergeben.

Eine globale Zielvereinbarung zwischen Wissenschaft und Gesellschaft

Es ist unumgänglich, dass wir alle Quellen unseres Erfindungsreichtums und der Kooperation erschließen, um den Herausforderungen in den Bereichen Umwelt und Entwicklung im 21. Jahrhundert und darüber hinaus gerecht zu werden. Wesentlich dabei ist eine strategische Allianz zwischen der wissenschaftlichen Gemeinschaft und Führungskräften, Institutionen und den aktiven Bewegungen der Zivilgesellschaft. Im Gegenzug sollten die Regierungen, die Industrie und private Geldgeber in Forschungsvorhaben investieren, die nachhaltige Lösungen aufzeigen.

Dieser neue „Vertrag" zwischen Wissenschaft und Gesellschaft muss, neben vielen anderen, vor allem drei Elemente enthalten:

1 Ein multinationales Innovations-Programm für die Sicherung der menschlichen Grundbedürfnisse (Energie, Luft, Wasser, Nahrung, Gesundheit etc.), das in vielen Aspekten über die nationalen Kraftakte der Vergangenheit hinausgeht (Manhattan, Sputnik, Apollo, Grüne Revolution etc.).

2 Abbau der hartnäckigen Bildungsgrenzen und -unterschiede durch ein globales Kommunikations-System (das von internationalen Diskursforen bis zu einem echten „World Wide Web" digitalen Informationsflusses reicht). Insbesondere das im Aufbau befindliche „Global Earth Observation System of Systems (GEOSS)" könnte rechtzeitig vor drohenden ökologischen oder sozialen Nachhaltigkeitskrisen warnen.

3 Eine weltweite Initiative für Forschung sowie Aus- und Fortbildung im Bereich der Nachhaltigkeit. Die klügsten jungen Menschen müssen motiviert werden, Probleme interdisziplinär zu lösen, basierend auf der beständig vorangetriebenen Exzellenz in den wissenschaftlichen Einzeldisziplinen. Ziel ist es, die nächste Generation dafür zu gewinnen, die Wissensbasis für das Wohlergehen der übernächsten Generation zu schaffen.

Der Klimawandel als kulturelles Problem

Claus Leggewie, Professor für Politikwissenschaft und Publizist, ist Direktor des Kulturwissenschaftlichen Instituts Essen, wo er den Forschungsschwerpunkt KlimaKultur ins Leben rief. Sein Ko-Autor Harald Welzer arbeitet ebenfalls am Kulturwissenschaftlichen Institut und lehrt außerdem Sozialpsychologie an der Universität Witten/Herdecke sowie an der Emory University Atlanta.

Der Klimawandel ist hinsichtlich seiner Ursachen und physikalischen Auswirkungen ein Gegenstand der Naturwissenschaften, im Blick auf die Folgen ist er Gegenstand der Sozial- und Kulturwissenschaften, die sich damit bisher erstaunlich wenig befasst haben. Meteorologen haben eine Erklärung, warum im Indischen Ozean während der Sommermonate gewaltige Zyklone auftreten, die hohe Flutwellen mit verheerenden Schäden auslösen, wie 1970 in Pakistan und 2008 in Birma; uns interessiert, dass solche Ereignisse den Verlust sozialer Gewissheiten bedeuten, also Krisen in dem Sinne darstellen, dass „ein etablierter, gesichert oder verlässlich erscheinender Sachverhalt fraglich oder instabil zu werden droht“ Das heißt: Wie das Fraglichwerden kulturell wahrgenommen, mit „Sinn“ ausgestattet, in soziale Verhaltensweisen überführt wird und kulturelle Referenzrahmen bildet.

Schon die Wahl des Begriffs Wandel oder Katastrophe verdeutlicht diese symbolische Dimension: Wer Klimawandel oder sozialer Wandel sagt, assoziiert etwas Allmähliches, Graduelles und Langfristiges; wer von der Klimakatastrophe spricht, meint eine Eruption, eine Zäsur, ein Drama. Und auch diese Begriffswahl hat eine kulturhistorische Fundierung. Der Begriff „Katastrophe“ kam nämlich erst in der Neuzeit auf; bis dahin hatte man entsprechende Ereignisse kosmologisch und religiös ausgedeutet, als übernatürlich bedingte Einstürze der menschlichen Existenz. Seit die Natur wenigstens punktuell und temporär beherrschbar wurde, gab es Katastrophen, wann immer sozial-kulturelle Schutzvorkehrungen massiv zusammenbrachen. So gingen dramatische Naturereignisse und -prozesse in die kollektive Erfahrung und Erinnerung ein und in die Zukunftsvorsorge; und aus der unberechenbaren Bedrohung durch Naturgewalten wurde die bewusst eingegangene (und im wahrsten Sinne des Wortes versicherbare) Beziehung zu einer Natur, deren Risiken permanent durch Technik gezähmt werden müssen. So etablierte sich die für die Neuzeit grundlegende Dichotomie zwischen Natur und Gesellschaft, die handlungsleitend für Schadensereignisse aller Art wurde und das Management der Naturrisiken dafür zuständigen Abteilungen übertrug – den Ingenieuren, dem Katastrophenschutz und nicht zuletzt Versicherungen. Genau damit traten aber neue Risiken zutage, die wieder nur durch mehr technische Innovation einzudämmen waren – das ist das Spiel, das risikobewusste Menschen mit der Natur treiben. Es ist zunehmend die Frage, wie vernünftig es ist.

Klimawandel lässt sich schwer in bekannte Katastrophenereignisse einordnen, hat aber viel mit ihnen gemeinsam. Er ist kein solches Zäsurereignis wie das welterschütternde Erdbeben von Lissabon im Jahr 1755, über das die Zeitgenossen erregt diskutierten. Aber er führt zu Katastrophen wie dem Hurrikan Katrina, der als transnationales Medienereignis um die Welt ging und – bei entsprechender symbolischer Rufladung – eine ebenso tiefgreifende Zäsur hätte sein können wie die „Reaktorhavarie" von Tschernobyl 1986 oder eben ein Erdbeben. Klimawandel ist auch etwas anderes als der in Los Angeles und anderen Erdbebenzonen der Welt latente „Big Bang", bildet aber wie dieser eine Dauerirritation des Bewusstseins, die darin besteht, dass bald schon etwas Bestimmt-Unbestimmtes eintreten könnte. So rechnen viele auch das mysteriöse Bienensterben in Nordamerika oder den Ausbruch der Schweinegrippe in Mexiko dem Klimawandel zu, obwohl beides damit nichts zu tun hat. Nicht minder unterscheidet sich Klimawandel von Erscheinungen wie wirtschaftlichen Depressionen, Bankenkrisen oder politischen Umstürzen, er kann aber in seinen soziopolitischen und sozioökonomischen Aspekten vergleichbare Folgen haben. Und öfter, als man bisher geglaubt hat, sind auch Gewaltaktionen und Kriege in ihrem Destruktionspotential mit dem Klimawandel nicht nur verwandt, sondern durch diesen mitverursacht worden.

Der Klimawandel weist also eine eigentümliche Informationsqualität auf. Das dürfte damit zu tun haben, dass ein ereignisunabhängiger Wandel mit „plötzlichen" Vorfällen einhergeht. Ersteres führt zu einer hintergründigen Verunsicherung der Öffentlichkeit, Letzteres zu schockartigen Erfahrungen. Ein Indiz für diese Ambivalenz war die breite Thematisierung des Klimawandels im Jahr 2007 auf der Grundlage der Berichte des UN-Klimarates, die eine starke und nahezu weltweite Resonanz auslösten und in die Schlagzeilen kamen, obwohl die Klimaforscher seit mindestens zwanzig Jahren davor warnen, was hier faktisch kommuniziert wurde. Es war aber die Dimension des „blauen Planeten", die durch die Medien besondere Durchschlagskraft bekam – die Bild-Zeitung titelte: „Die Erde schmilzt!" Derlei verweist auf eine Besonderheit, die für sämtliche Bereiche ökologischer Risikokommunikation zutrifft: die Schwierigkeit der Übersetzung naturwissenschaftlicher Befunde in eine Geschichte, die die allgemeine Lebenserfahrung und Lebenswelt ansprechen kann. Eine dritte Besonderheit, ebenfalls an vielen ökologischen Prozessen nachweisbar, besteht in der Transnationalität des Problems und seiner politisch-technischen Lösungsperspektiven. Die vielleicht gravierendste Eigenart des Klimawandels liegt in der Verwässerung von Ursache-Wirkungs-Ketten. Die Ursachen für die heutigen Probleme reichen ein halbes Jahrhundert und länger zurück, und alles, was man heute tun kann, hat nur höchst unsichere und zeitlich weit entfernte Erfolgsaussichten. Hier ist die zeitliche Beziehung zwischen Handlung und Handlungsfolge, generationenübergreifend verlängert, ein ganz neues Problem.

Der Klimawandel hat bereits jetzt tiefgreifende Auswirkungen auf die globalen Lebensbedingungen: Anbauzonen verschieben sich, Überlebensräume schwinden. Und es wird vermehrt Wanderungen von Klimaflüchtlingen geben, einer Bevölkerungsgruppe, von der man vor zehn Jahren kaum eine Ahnung hatte, die es aber schon länger gibt und mit dem Absinken von Inseln und der Bedrohung von Küstenregionen zweifellos größer werden wird. Im Klimawandel bilden sich Verlierer- und Gewinnergruppen heraus; dadurch können bestehende Gerechtigkeitslücken tiefer werden, nicht nur zwischen dem Norden und dem Süden, sondern auch zwischen den Generationen. Im Klimawandel liegt eine erhebliche Gefährdung überkommener Standards des Lebens und Handelns, gerade deswegen, weil die Endlichkeit der natürlichen Ressourcen und die Dringlichkeit des Klimaschutzes die institutionellen Arrangements der betroffenen Gesellschaften unter erheblichen Zeitdruck setzen – und das ist eben nicht die Natur, das sind der Markt, der Staat, die Demokratie und die Zivilgesellschaft.

Obwohl es sich beim Klimawandel um ein globales Problem par excellence handelt, wird in der Klimapolitik kulturell ganz unterschiedliche Wahrnehmungsmuster einkalkulieren müssen, wer erfolgreich handeln möchte. Der Wasserspiegel wird an allen Küsten, auf den Hallig-Inseln, in Dubai und Jakarta mehr oder weniger ähnlich ansteigen. Aber die Mechanismen der Wahrnehmung und Anpassung an dieses Phänomen werden sich kulturell danach unterscheiden, wie Wasser, Fluten und Überschwemmungen gedeutet werden und historisch gemanagt wurden? Dabei könnte es ein voreiliger Schluss sein, der technologisch besser ausgerüstete Norden, der sich schwimmende Häuser und gewaltige Deichbauten leisten kann, sei automatisch besser dafür gewappnet als die Bevölkerung der südlichen Welthälfte.

Klimawandel ist ein typisches Phänomen der „Glokalisierung", der Wechselwirkung lokaler Handlungen und Unterlassungen mit globalen Auswirkungen. Weltklimapolitik kann aber nur funktionieren, wenn man sich der kulturellen Differenz der Klimawelten stellt. So stellt der Klimawandel den Prototyp der Problemszenarien einer globalisierten Welt dar: Keine Entscheidung bleibt in ihren Folgen auf das Lokale beschränkt, aber umgekehrt gibt es keine transnationale Institution und schon gar keine Weltregierung, die das Problem in globaler Perspektive angehen könnte. Dieses Muster wird für Fragen künftiger Konfliktlösungen und Ab- oder Aufrüstungen vorbildlich sein, etwa für die Lösung von Ernährungsproblemen oder den Aufbau nachhaltiger industrieller Infrastrukturen.

Der Klimawandel hat regional ganz unterschiedliche Auswirkungen; seine sozialen Folgen hängen auch davon ab, welche Bewältigungskapazitäten jeweils vorhanden sind. In Nordeuropa, wo der Lebensstandard hoch, die Ernährung gut, der Katastrophenschutz hervorragend ist und Schäden materiell kompensiert werden können, rechnet man damit, dass sich die sozialen Folgen in Grenzen halten; eine Region wie Zentralafrika, die ohnehin unter Armut, Hunger, fehlenden Infrastrukturen und Gewaltkonflikten leidet, wird von umweltbedingten negativen Veränderungen weit härter erwischt. Es kommt also zu Effekten mehrfacher Benachteiligung: Die voraussichtlich am stärksten betroffenen Länder haben die geringsten Möglichkeiten, die Folgen zu bewältigen; diejenigen, die am wenigsten tangiert sind oder von veränderten klimatischen Bedingungen sogar profitieren, verfügen zugleich über mehr Kapazitäten, mit klimabedingten Problemen fertig zu werden. Die schon bestehenden globalen Asymmetrien und Ungleichheiten in den Lebenschancen vertiefen sich durch den Klimawandel.

Für *Europa* sind die Folgen des Klimawandels vergleichsweise harmlos, obwohl abschmelzende Gletscher, extreme Wetterereignisse, Murenabgänge, Überflutungen usw. für die Landwirtschaft und die Tourismusindustrie nicht angenehm sind. Zudem zeigt sich auch hier ein Nord-Süd-Gefälle. Während man im Norden Europas vom Anbau neuer Früchte, Getreide, Wein etc. träumt, wird die Mittelmeerregion mehr als bisher von Dürre und Wasserknappheit betroffen sein. Generell haben die europäischen Länder bislang noch hervorragende Kapazitäten, um die Folgen des Klimawandels zu begrenzen bzw. zu kompensieren oder sie eventuell sogar positiv zu wenden; auch Gegenmaßnahmen wie ein verbesserter Küstenschutz sind vielerorts bereits eingeleitet. Die sozialen Folgen werden hier vor allem indirekter Art sein und Fragen erhöhten Drucks auf die Grenzen durch wachsende Migration aus den benachteiligten Ländern, Kosten für Schadensereignisse und veränderte Sicherheitslagen betreffen.

Ähnliches gilt für *Nordamerika*. Die landwirtschaftlichen Möglichkeiten verbessern sich in vielen Regionen, allerdings ist in manchen Gegenden mit verschlechterten Wintersportbedingungen, Überflutungen oder Wassermangel zu rechnen. Hitzewellen können ebenfalls ein großes Problem werden, und besonders die Küstenregionen werden unter Hurrikans und Überflutungen leiden. Auch hier sind wie in Europa Kompensationsmaßnahmen bereits eingeleitet. Hinsichtlich der Bewältigungskapazitäten gilt, mit regionalen Unterschieden, dasselbe wie für Westeuropa. Insgesamt birgt die Ungleichverteilung der sozialen und ökonomischen Folgen der Klimaerwärmung gravierende Konfliktpotentiale in sich. [...]

Resilienz lernen

Der Preis einer extrem technisierten, arbeitsteiligen und komplex institutionalisierten Lebenswelt ist ihre extrem hohe Verletzlichkeit – nie war es leichter, sie durch ein Computervirus, einen gezielten Flugzeugabsturz oder eine absichtlich hervorgerufene Epidemie an den Rand des Zusammenbruchs zu bringen. Wie verletzlich Hochtechnologie-Kulturen sind, hat der Zusammenbruch der sozialen Ordnung in New Orleans nach dem Hurrikan „Katrina" gezeigt. Der Historiker Greg Bankoff forscht über „Katastrophenkulturen" und zeigt, wie die Bewohner der Philippinen ihre Architektur entwickelt und Konzepte und Normen der Nachbarschaftshilfe etabliert haben, die besonders den Armen erlauben, nach dem Verlust ihres Eigentums infolge von Katastrophen zurechtzukommen. Erdbeben, Vulkanausbrüche, Taifune, Überschwemmungen, Dürren, Erdrutsche und Tsunamis gehören dort fast zum Alltag, was aber nie dazu geführt hat, dass man die Gegend als unbewohnbar aufgegeben hätte.

Am Beispiel der Stadtentwicklung Manilas zeichnet Bankoff nach, wie ihre wiederholten Zerstörungen Bauformen und -stile hervorgebracht hat, die die Stadt schrittweise katastrophenresistenter machten. Während im 16. Jahrhundert ausschließlich mit Holz gebaut wurde, was aufgrund des rasanten Bevölkerungszuwachses schnell zu Entwaldungs- und Erosionsproblemen führte, ging man im 17. Jahrhundert zum Bauen mit Stein über, weil Manila mehrfach von verheerenden Großfeuern heimgesucht wurde. Nun haben Steinbaustrukturen in Erdbebenregionen den Nachteil, nicht so flexibel auf Bodenerschütterungen reagieren zu können wie Holzbauten. Nach mehreren Erdbeben im 17. Jahrhundert entwickelte sich daher eine Art „Erdbeben-Barock": Kirchenbauten nehmen barocke Stilelemente auf, sind aber niedriger als ihre europäischen Pendants und haben massivere Wände und Türme. In die Konstruktion privater Behausungen wurden dagegen traditionelle Elemente reintegriert – statt schwerer Dachkonstruktionen kamen vermehrt leichtere und flexiblere Mattentechniken in Gebrauch. Eine Stadt wie Manila lässt sich als ein adaptives

System studieren, das aus unterschiedlichen Katastrophenereignissen gelernt hat.

Zugleich ist hier das Empowerment durch informelle und formelle Selbst- und Nachbarschaftshilfe wichtig. Unter anderen über kirchliche Organisationen haben sich „Resilienzgemeinschaften“, Formen wechselseitiger Hilfe, etabliert, die nicht nur im Katastrophenfall, sondern auch beim ganz gewöhnlichen Häuserbau in Anspruch genommen werden. Hilfe wird in der Erwartung geleistet, dass sie wechselseitig ist, also irgendwann in der einen oder anderen Form zurückkommt. Dieses Prinzip, das auch in ländlichen Regionen bei uns noch nicht ganz vergessen ist, ging auf den Philippinen im 20. Jahrhundert in größere formalere Organisationen über und zahlte sich auch bei Revolten aus. Die meisten bürgerschaftlichen Assoziationen sind nicht zufällig dort zu verzeichnen, wo Erdbeben, Taifune und andere Extremereignisse am häufigsten vorkommen, während in Gesellschaften, die Risiken in hohem Maße delegieren und Vorsorge formalen Organisationen und Versicherungen überantworten, die Selbstorganisationsquote relativ gering ist. Der Not geschuldete Resilienzgemeinschaften zeichnen sich also durch ein hohes Maß an Teilhabe und Selbstorganisation aus. Bürgerbeteiligung ist somit eine wichtige Voraussetzung für die Effizienz staatlich organisierter Katastrophenvorsorge.

Selbstermächtigung und Widerstandsfähigkeit scheinen uns für eine Gesellschaft, die eventuell mit extremen und katastrophalen Veränderungen des Klimas und raschem sozialem Wandel zurechtkommen muss, entscheidende Fähigkeiten „jenseits von Staat, Markt und Technik“ zu sein. Deshalb definiert die Katastrophenforschung solche sozialen Systeme als resilient, die ihre zentralen Funktionen auch dann aufrechterhalten können, wenn sie unter extremen Wandlungsdruck von außen geraten. Im Nord-Süd-Verhältnis bedeutet das: Man kann von Gesellschaften lernen, die angesichts regelmäßig auftretender Umweltkatastrophen wie Erdbeben oder Wirbelstürmen haltbare Bau- und Siedlungsformen und eine mentale Gelassenheit entwickelt haben. Man kann im Süden studieren, wie sie auf demokratieverträgliche Weise mit Umweltveränderungen zurechtkommen.

Cool down: Klimaschutz neu denken

Felix Ekardt ist Professor für Umweltrecht und Rechtsphilosophie an der Universität Rostock. In der Klimapolitik berät er unter anderem die Bundesregierung und mehrere Bundestagsfraktionen.

Nehmen wir einmal an, dass jeder Mensch ein gleiches Recht auf Nutzung der Atmosphäre und gleichen Zugang zu Energie hat; wobei „gleiches Recht" wegen der Grenzen von Klimastabilität und Ressourcenverfügbarkeit impliziert, dass diese Gleichheit auf quantitativ eher niedrigem Niveau stattfindet. Zudem soll weltweit niemand arm sein. Sollen die Afrikaner unseretwegen hungern, weil wir vom begrenzten „Kuchen" mehr abbekommen wollen als sie? Ausgehend von dem Prinzip „one human, one emission right" kann man ein Konzept entwickeln für eine echte globale Klimawende. Seine Grundideen – nicht allerdings seine Konkretisierung – werden nicht etwa nur von mir, sondern von einer Reihe von Kritikern der globalen Klimapolitik vertreten. Die notwendigen Aspekte und Schritte wären – in Kürze, aber nicht als bloße vage Sonntagsrede formuliert – meiner Meinung nach die folgenden.

1 Um einen katastrophalen Klimawandel zu verhindern, müssen die Klimagasausstöße global strikt begrenzt und dann auf alle Staaten anhand ihrer Bevölkerungszahl aufgeteilt werden. Jeder Mensch zählt dabei gleich viel.

2 Das Pro-Kopf-Ziel für das Jahr 2050 müsste bei wahrscheinlich deutlich weniger als einer Tonne Kohlendioxid-Äquivalenten pro Person und Jahr liegen – also leicht über dem aktuellen Treibhausgasausstoß einiger Entwicklungsländer, aber weit unterhalb des bisherigen westlichen Pro-Kopf-Ausstoßes. 0,5 Tonnen mal Einwohnerzahl – das wäre 2050 also der zulässige Ausstoß in einem Staat.

3 Wenn dann etwa westliche Länder mehr Treibhausgase ausstoßen wollten, müssten die westlichen Staaten südlichen Ländern Emissionsrechte, die diese durch den insgesamt geringen Treibhausgasausstoß ihrer Bürger nicht benötigen, abkaufen. Diesen Staaten-Emissionshandel gibt es schon heute, aber ohne strenge Reduktionsziele. Und mangels Reduktionszielen für den Süden völlig ohne Beteiligung südlicher Länder.

4 So würde neben dem Klimaschutz auch das zweite globale Megaproblem angegangen, das dringend gelöst werden muss. Ich meine nicht die Finanzkrise – sondern die globale Armut.

5 Man würde nicht gleich bei 0,5 Tonnen Ausstoß pro Kopf weltweit anfangen; man kann sich diesem Wert in mehreren Schritten annähern, die zugleich verbindliche Zwischenschritte markieren, allerdings nicht erst bis 2050. Dies und die Festlegung von Höchst- und Mindestpreisen für die Emissionsrechte sichert die wirtschaftlich-technische Machbarkeit. Die Menge der jährlich an die Staaten pro Kopf ausgegebenen Emissionsrechte würde in jährlichen oder auch in mehrjährigen Abständen kontinuierlich sinken.

6 Die Entwicklungsländer sollten eine Zeit lang bei den Treibhausgasreduktionsverpflichtungen begünstigt werden, weil die westlichen Länder (wegen der Langlebigkeit von Klimagasen) bis auf Weiteres den größten Anteil am Klimawandel haben. Das liefe so, dass sie übergangsweise Extraemissionsrechte zugeteilt bekämen, für die die westlichen Länder dann aber entsprechend stärkere Reduktionsverpflichtungen akzeptieren müssten. So stärkt man den ohnehin vorhandenen Effekt: Der Süden nutzt einen Teil seiner Rechte für seine Entwicklung und einen Teil für Verkaufseinnahmen und muss trotzdem langfristig auch bei 0,5 Tonnen pro Kopf ankommen. Das ist besser als vage Finanzfonds und vage Ziele wie „2 Grad bis 2050".

7 Eine globale Institution – voraussichtlich das bereits bestehende UN-Klimasekretariat in Bonn – müsste das Recht erhalten, die Emissionsreduktionen zu überwachen und notfalls mit einschneidenden Sanktionen durchzusetzen.

8 Die nach dem Staaten-Emissionshandel in einem Staat oder einem Kontinentalzusammenschluss wie der EU vorhandene, jährlich sinkende Menge an Emissionsrechten müsste dann mittels eines umfassenden innereuropäischen Emissionshandels unter den Kohle-, Gas- und Öl-Unternehmen durch eine Auktion weiterverteilt werden. Jeder Importeur oder Verkäufer von fossilen Brennstoffen dürfte also die sich aus diesen Brennstoffen ergebenden Treibhausgasausstöße bei uns allen nur noch ermöglichen, wenn er Emissionsrechte besitzt. Und indem man an diese Primärenergieunternehmen anknüpft, wären nahezu alle Arten von Treibhausgasausstößen, die Menschen verursachen, erfolgreich begrenzt; auch jede Art von Produktion etwa wäre über die Einbeziehung des Stroms erfasst. All dies müsste global in den Grundstrukturen vorgegeben und überwacht werden, zumal viele Staaten keine Demokratien sind. Auch einen solchen EU-Emissionshandel gibt es bisher schon; aber nur für einzelne Sektoren, ohne anspruchsvolle jährliche Reduktionsziele und ohne volle Versteigerung der Zertifikate.

9 Die Primärenergieunternehmen würden die Emissionsrechte beim Staat bzw. bei der EU ersteigern müssen und diese Kosten gleichmäßig

über Produkte, Strom, Wärme und Treibstoff an die Endverbraucher weitergeben; umgekehrt würde die EU, bzw. der Staat, die Versteigerungs-Einnahmen pro Kopf an alle Bürger verteilen (Ökobonus).
10 Auch die ebenfalls klimarelevanten Sektoren Landwirtschaft und grenzüberschreitender Luft- und Schiffsverkehr müssten einbezogen werden, ebenso wie die Entwaldung, etwa im Regenwald. Auch ansonsten sollten alle wichtigen Treibhausgase, umgerechnet in CO_2-Äquivalente, einbezogen werden.

Ein solches Konzept wäre ein Bruch mit dem Kyoto-Protokoll und der mäßig wirksamen bisherigen Klimapolitik (wie dem begrenzten EU-Emissionshandel) und brächte eine echte Klimawende. Denn der Treibhausgasausstoß wird strikt begrenzt – und das, was an fossilen Brennstoffen (jährlich schrumpfend) weiterhin genutzt werden darf, wird immer teurer. Dieses Preissignal wird von den Primärenergieunternehmen über die Strom-, Treibstoff- und Wärmepreise, die durch die Kaufpreise für Emissionsrechte durch die Unternehmen ja angehoben werden würden, und daran anknüpfend über jede Art von (ja immer energieabhängig hergestellten) Produkten an alle Unternehmen und Verbraucher weitergegeben. Überall würden die Preise plötzlich die ökologische Wahrheit sagen: beim Fleischkonsum, bei der Urlaubsreise, bei den vielen kleinen Drogerieartikeln, der High-Tech-Küche, den schönen T-Shirts, dem Heizpilz. Genau das würde weltweit und gesamtgesellschaftlich den nötigen Wandel auslösen.

Ausweich- und Verlagerungseffekte in andere Länder gäbe es keine mehr, denn es wäre im Wesentlichen jegliche Art von Emissionen erfasst. Den Herstellern von Bioenergie würde es also nichts mehr nützen, statt Bioenergie nunmehr Futtermittel im Regenwald anzubauen, um Bioenergie-Anbauverbote im Regenwald zu umgehen; denn die Landnutzung wäre eben Bestandteil des Systems, das heißt: Auch die Landnutzung wäre nur noch mit Emissionsrechten zulässig, und auch für die Landnutzung würde die Menge an Emissionsrechten schrittweise abnehmen. Da dieses System alle Länder weltweit einbezieht, würde also niemand dazu animiert, auf der Südhalbkugel den westlichen Lebensstil zu imitieren und das im Westen eingesparte Öl dort zu verbrennen. So fördert man nicht nur Energieeffizienz, erneuerbare Energien und eine langfristig sichere Energieversorgung in Nord und Süd, sondern stellt auch sicher, dass im Süden von vornherein ein nachhaltigerer Entwicklungspfad beschritten wird als im Norden im 20. Jahrhundert. Denn fossile Energie wird immer teurer, indem die Auktionskosten der Staaten und der Unternehmen über die Energiepreise auf die Endverbraucher umgelegt werden (und Energie steckt überall drin). Zugleich wäre der jährliche Ausstoß an Treibhausgasen damit strikt begrenzt und würde immer weiter sinken.

Westliche Länder würden nur teilweise Emissionsrechte kaufen; sie würden durch die sinkende Gesamtmenge an Emissionsrechten nach und nach stärker auf Energieeffizienz, Suffizienz und erneuerbare Energien setzen. Nach und nach, parallel zu ihrer Wirtschaftsentwicklung und parallel zu den jährlich sinkenden Treibhausgaszertifikatmengen, täten das auch die Entwicklungsländer. So würde auch der drohende globale Wettstreit beendet und dem Problem entgegengewirkt, dass aus Angst vor wirtschaftlichen Nachteilen niemand einen Schritt voran macht in der Klimapolitik. Dafür zahlen die Industrieländer letztlich über die Zertifikatkäufe. Sie haben damit aber auch den Vorteil, dass es mittelfristig kein Klima- und auch kein Sozialdumping zu ihren Lasten mehr geben wird. Denn der Finanztransfer in den Süden würde dort Wirtschaftsentwicklung und Armutsbekämpfung stimulieren (und zwar in klimafreundlicher Weise). Damit würden Löhne, Arbeitsbedingungen und Sozialversicherungssysteme im Süden angeschoben, und es würde der seit längerem spürbare Kostensenkungsdruck vom westlichen Sozialstaat genommen.

Armutsbekämpfung im Süden und Sicherung des Sozialstaates im Norden sind allein schon ökonomisch vorteilhaft; erst recht ökonomisch vorteilhaft ist es bekanntlich, die drastischen Kosten des Klimawandels zu vermeiden. Und auch kurzfristig sind mehr Energieeffizienz und erneuerbare Energien bekanntlich ökonomisch oft günstig: Man fördert neue Technologien, fördert neue Wirtschaftszweige und macht Volkswirtschaften von Energieimporten und damit von drastisch steigenden Öl- und Gaspreisen unabhängig. Der Emissionshandel führt ferner dazu, dass Klimaschutz dort betrieben wird, wo er am kostengünstigsten ist; alle Emissionen wären erfasst (einschließlich der Probleme des westlichen Fleischkonsums oder der Bioenergie). Dass genau die Gleichverteilung zwischen Industrie- und Entwicklungsländern und die Berücksichtigung einer Art „historischer Schuld" des Nordens auch gerecht wären, wird uns später näher beschäftigen.

Der vorgeschlagene neue Staaten- und Unternehmens-Emissionshandel gäbe dem Klima im umfassenden Sinne einen Preis. Er würde die Knappheit fossiler Brennstoffe und ihre Klimaschädlichkeit für alle Lebensbereiche ausdrücken, da über die fossilen Brennstoffe im Wesentlichen alle Treibhausgasemissionen abgedeckt würden. Einige gängige klimapolitische Instrumente wie Stromsteuer und Mineralölsteuer, Kfz-Steuer, Steuerbefreiungen, aber auch etwa die Rentenzuschüsse aus der Ökosteuer, könnten deshalb im Gegenzug zu einem solchen erweiterten Emissionshandel abgeschafft werden. Das Gleiche gilt für ein bürokratisches, klimapolitisch eher kontraproduktives Instrument wie den CDM [*Clean Development Mechanism*, ein Klimaschutz- und Entwicklungshilfeprojekttyp zur Umsetzung des Kyoto-Protokolls], der durch eine gleichberechtigte und zugleich finanziell kompensierte Beteiligung der Entwicklungsländer am globalen Klimaschutz ersetzt würde. Ganz generell schafft das Globalmodell Planungssicherheit und erspart ein endloses Feilschen um diverse Ausnahmen, die den Staaten- und Unternehmens-Emissionshandel heute kennzeichnen.

Das ganze System nützt wegen des Ökobonus nicht nur den Entwicklungsländern abstrakt, sondern ganz konkret den Menschen dort. Denn es werden nicht nur Mini-Beträge zugunsten einiger Privilegierter mobilisiert wie bei CDM-Projekten, von denen eher die Reichen im Süden als Unternehmer profitieren. Ebenso kann man auf die in der Entwicklungspolitik beliebten „Fonds" verzichten, die wohl auch in Kopenhagen beschlossen werden und den Entwicklungsländern helfen sollen, eine klimafreundliche Entwicklung anzuschieben und klimawandelbedingte Schäden zu kompensieren. Doch die Probleme sind meist die gleichen: Die Fonds enthalten nur minimale Geldmengen; ursprüngliche Mittelzusagen der Geldgeber werden später gebrochen; und die Gelder kommen vor allem einigen Wohlhabenden und Korruptionsbeteiligten im Süden zugute. Der Geldfluss und damit auch die Technologieentwicklung im Süden sind im Rahmen eines umfassenden Modells wesentlich besser garantiert.

Neben „darüber wird es nie einen Konsens geben" ist der große Einwand gegen eine solche echte Klimawende natürlich: „Das ist praktisch alles gar nicht organisierbar". Ich meine: Doch, ist es – vorausgesetzt, das bereits jetzt existierende UN-Klimasekretariat wird stärker zu einer schlagkräftigen Weltklimabehörde mit real praktikablen Überwachungs- und Sanktionsbefugnissen weiterentwickelt, ähnlich mächtig wie heute etwa die Organe der WTO, der Welthandelsorganisation, die Staaten auch gegen ihren Willen verpflichten und mit Sanktionen belegen können. Natürlich wären noch einige ergänzende Regeln notwendig. Etwa die, dass man neben Höchst- und ggf. Mindestpreisen für den globalen Zertifikathandel eventuell der globalen Behörde (sie wäre sozusagen eine Art „Weltzertifikatbank") ein Recht zu Interventionskäufen geben müsste, um Spekulationsgeschäfte notfalls einhegen zu können. Dass finanzrelevante Märkte Regularien haben müssen, ist zumindest seit der Finanzkrise ja kein Geheimnis mehr.

Der letzte große Einwand wäre wohl, dass die ökonomischen Folgen eines solchen globalen Klimaschutzkonzepts unüberschaubar wären. Nun: Weil in der Tat die genauen ökonomischen Folgen großer Schritte selbst vom besten Klimaökonomen nicht exakt zu prognostizieren sind, sollte man mit vergleichsweise moderaten Reduktionszielen beginnen, die dann allerdings jährlich sinken. Man könnte beispielsweise mit 5 Tonnen CO_2-Äquivalenten pro Erdbewohner beginnen. Dennoch mit allem Nachdruck: Existenziell und friedenspolitisch haben wir keine Alternative zur Klimawende. Und: Das Ganze ist ökonomisch mehrfach sorgfältig durchgerechnet worden und funktionstüchtig. Die Kosten eines Klimawandels oder gar von Klimakriegen würden die Verteilungswirkungen eines globalen Klimaschutzkonzepts dagegen bei weitem in den Schatten stellen. Und dass moralisch eine Gleichverteilung von Emissionsrechten kein Luxus ist, den wir uns auch schenken können, wird noch näher zu zeigen sein. Zumal wir definitiv Emissionen einsparen können – Verzicht auf manches im Leben ist schlimmstenfalls unangenehm, niemals aber „ökonomisch-technisch unmöglich".

Stellschrauben bieten zudem die Zertifikathöchst- und Mindestpreise sowie die Anzahl der Extraemissionsrechte über die Pro-Kopf-Verteilung hinaus, für die die Industrieländer entsprechend weniger Rechte zugeteilt bekämen: hier könnte und sollte man drehen, wenn man bestimmte Verteilungs-Vorstellungen zwischen Industrie- und Entwicklungsländern vertreten möchte. Dadurch ist das Konzept letztlich ausreichend flexibel für internationale Kompromisse zwischen Nord und Süd und bietet zugleich grundlegende Vorteile: es ist relativ unbürokratisch, es schafft verbindliche Klimagasreduktionen, es hat ökonomisch und sozialpolitisch verträgliche und sogar äußerst wünschenswerte Folgen, die Entwicklungsländer sind keine Bittsteller mehr.

Man könnte die Zertifikate im Unternehmens-Emissionshandel theoretisch auch kostenlos ausgeben, anstatt sie an die Unternehmen zu versteigern. Dann wäre aber der ökologische und soziale Effekt etwas weniger ausgeprägt. Denn der Preisdruck auf einen nicht-nachhaltigen Lebensstil würde nachlassen, und die soziale Ausgleichsmasse würde schrumpfen. Auch dann würden freilich die Preise für fossile Brennstoffe steigen. Denn es bliebe ja bei der Begrenzung der Treibhausgasausstöße, womit die Nutzung von Öl, Gas und Kohle knapper und ergo teurer werden würde. Theoretisch könnte man die Ökobonus-Gelder auch mit einer ökologischen Zweckbindung versehen, damit das Geld in sparsame Kühlschränke statt in Thailand-Urlaubsflüge fließt. Wenn man wirklich einschneidende Reduktionsziele hat, erscheint mir das allerdings fast überflüssig, da auch so ein hinreichender Anreiz zum Wandel gesetzt wird – und die Zweckbindung brächte massiven bürokratischen Aufwand.

Wie retten wir das Klima?

Die Welt zu retten ist für den Alltag vielleicht eine ein bisschen große Aufgabe. Wie man auch durch kleine Maßnahmen den Klimawandel aufhalten – und dabei auch noch sparen – kann, hat die Organisation „Germanwatch“ zusammengestellt.

Kühlen mit Köpfchen

120 Euro sind kein Pappenstiel. Um so viel Geld in der Tasche zu haben, muss ein Industriearbeiter, der für brutto 9,80 Euro die Stunde am Band steht, zwei ganze Tage lang arbeiten. 120 Euro – so viel muss er aber auch drauflegen, wenn er sich beim Kauf eines neuen Kühlschranks für ein Topmodell entscheidet. „Das Geld kann ich mir sparen“, denken sich die meisten – und greifen zu billigeren Geräten, die auf den ersten Blick identische Leistungen bringen. Kühlschrank und Gefrierteil sind gleich groß. Der kleine Unterschied: Das Topmodell erreicht Energieeffizienzklasse A++, etliche vergleichbare Modelle nur Effizienzklasse A.

Seit 1995 muss der spezifische Energieverbrauch all dieser Geräte auf einem Etikett angegeben werden. Die Einteilung der Effizienzklassen reichte ursprünglich von A bis G. Weil Kühl- und Gefriergeräte seit Einführung der Effizienzklassen immer besser geworden sind, die Kriterien aber nicht verschärft wurden, genügen inzwischen die meisten Modelle der Energieeffizienzklasse A. Gesunder Menschenverstand würde sagen: „Prima, dann verschärfen wir die Kriterien, und nur noch die Topgeräte von heute, aber nicht mehr die von gestern, erhalten die Bewertung A.“ Das haben Lobbyisten der Elektrobranche verhindert. Dann würden sich viele Geräte ja schlechter verkaufen lassen. So wurde die Skala lediglich um A+ und A++ erweitert. Es zeigt sich aber, dass die wenigsten Käufer wissen, dass es diese Erweiterung gibt und wie groß der Unterschied zwischen den Geräten ist – genau um das zu verschleiern, hat die Branche ja auch diesen Weg gewählt. Deshalb kaufen heute zwischen 50 und 70 Prozent der Kunden Kühl-Gefrier-Kombinationen oder Kühl- oder Gefrierschränke, die der Effizienzklasse A entsprechen und damit scheinbar zu den besten gehören. Und nur zehn Prozent greifen zu Geräten der Güteklassen A+ oder gar A++.

Der Kauf eines Gerätes der Klasse A++ lohnt sich langfristig in jeder Hinsicht. Die Geräte sind zwar etwas teurer, weil sie aber im Jahr meist über 100 Kilowattstunden weniger verbrauchen als A-Geräte, spart ein

Haushalt rund 20 Euro. Jedes Jahr, wohlgemerkt. Ökologisch sind Geräte mit der Auszeichnung A++ ohnehin unschlagbar. 100 Kilowattstunden weniger entlasten die Atmosphäre jährlich um 66 Kilogramm Kohlendioxid.

Das gilt bereits gegenüber einem Neugerät, das immerhin auch mit A ausgezeichnet ist. Umso mehr lohnt es sich, Altgeräte zu ersetzen. In den deutschen Haushalten sind rund 40 Prozent aller Kühl- und Gefriergeräte älter als 13 Jahre. Je nach Größe verbrauchen alte Kühlschränke bis zu 700 Kilowattstunden Strom im Jahr. Ein neuer Kühlschrank braucht nicht einmal ein Drittel, die besten Modelle kommen mit weniger als 100 Kilowattstunden aus. Oft hat sich der Neukauf eines Gerätes nach sieben bis zwölf Jahren ausgezahlt. Das gilt allerdings nur, wenn der alte Kühlschrank nicht als Zweitkühlschrank im Keller weiter in Betrieb bleibt. Dann kann der Käufer sich zwar oben in der Wohnung im Image eines Öko-Vorreiters sonnen. In Wirklichkeit belastet er jedoch das Klima stärker als zuvor.

Coole Spartipps

Größe Überdimensionierte Geräte verbrauchen unnötig viel Strom. Als Faustregel gilt: ein Ein- bis Zweipersonenhaushalt braucht 100 bis 120 Liter zum Kühlen. Und 50 bis 80 Liter zum Gefrieren.

Neukauf Gefriergeräte Gefriertruhen sind in der Anschaffung günstiger als Gefrierschränke und verbrauchen rund zehn Prozent weniger Strom.

Gefrierfach Ein Gefrierfach im Kühlschrank ist überflüssig, sofern ein separates Gefriergerät im Haushalt vorhanden ist. Kühlschränke ohne Gefrierfach verbrauchen deutlich weniger Strom.

Altgeräte Geräte, die vor mehr als zehn Jahren gekauft wurden, sind meist in der Energieeffizienzklasse B, C oder noch schlechter einzustufen und verbrauchen ein bis anderthalb Kilowattstunden Strom mehr am Tag als ein modernes Spitzengerät. Da rechnet sich die Neuanschaffung oftmals allein durch die Stromersparnis.

Regelung Kühlschränke sollten nicht zu kalt eingestellt werden, meist reicht die kleinste Stufe. Stellen Sie die Temperatur im Kühlschrank auf +7 Grad und im Gefriergerät auf –18 Grad. Das reicht völlig.

Öffnen Kurzes Öffnen der Kühlschranktür verhindert Reifansatz, der ansonsten den Stromverbrauch erhöht.

Abtauen Vereiste Flächen erhöhen den Strombedarf. Sofern der Kühlschrank über keine Abtauautomatik verfügt, muss man ihn regelmäßig abtauen.

Auftauen Gefrorenes im Kühlschrank auftauen. Damit wird die beim Auftauen frei werdende Kälte zum Kühlen genutzt.

Abkühlen Keine warmen Speisen in den Kühlschrank stellen. Das erhöht unnötig den Stromverbrauch.

Waschen und Trocknen

Waschmaschinen sind in den letzten Jahren immer besser und effizienter geworden. Moderne Geräte verbrauchen allesamt im vergleichbaren Normprogramm deutlich weniger als eine Kilowattstunde Strom und unter 40 Liter Wasser pro Waschgang. Im Vergleich zu einem Gerät, das 15 Jahre auf dem Buckel hat, ist das nicht einmal die Hälfte. Damit kann selbst eine vierköpfige Familie, in der dreimal die Woche gewaschen werden muss, mit weniger als 150 Kilowattstunden Strom im Jahr auskommen.

Doch das Problem beim Waschen sind oftmals nicht nur alte Geräte, sondern auch ihre Besitzer. Unabhängig davon, ob die Menschen ansonsten auf Klimafreundlichkeit und Umweltaspekte achten – wenn es ums Waschen geht, werden bei allen gesellschaftlichen Gruppen die guten Vorsätze über Bord geworfen. Denn im Schnitt werden Waschmaschinen nur zur Hälfte gefüllt. Das liegt zum Teil an der Gedankenlosigkeit vieler Hausfrauen und Hausmänner, zumeist aber schlicht daran, dass kaum einer die Füllmenge richtig einschätzen kann und viele Haushalte zu wenig Wäsche haben, um eine Trommel richtig füllen zu können. Mit anderen Worten: Wenn die Mehrzahl der Verbraucher die Trommel richtig füllen würde, könnte im Bereich Waschen bereits die Hälfte der benötigten Energie gespart werden – schlicht dadurch, dass die Waschgänge halbiert würden.

Nach Einschätzung des Öko-Instituts gehen aber auch die Waschmaschinenhersteller einen falschen Weg. Viele bieten ihre Spitzengeräte nur noch mit 6-, 8- oder inzwischen sogar 10-Kilo-Trommel an. Aber unsere Haushalte werden immer kleiner und bringen allein deshalb nicht genügend Wäsche zusammen. Lebten 1960 noch durchschnittlich 2,9 Personen unter einem Dach, so sind es heute kaum mehr als zwei. Single-Haushalte machen bereits mehr als ein Drittel aus. Ein weiteres Drittel lebt im Zweipersonenhaushalt. Die klassische Familiengröße mit vier Personen gibt es dagegen nur noch in 11,1 Prozent aller Fälle. „Die deutschen Markenhersteller reagieren auf diesen Trend überhaupt nicht", moniert das Öko-Institut.

Wer beim Waschen Strom und Wasser sparen will, sollte deshalb darauf achten, ein Gerät zu kaufen, das den eigenen Bedürfnissen angepasst ist – oder das per Sensor die Befüllung erkennen kann und dementsprechend den Verbrauch reguliert.

Wasch-Tipps

Cool bleiben: Bei leicht und normal verschmutzter Wäsche reichen 30 bis 40 Grad zum Waschen. Einzig stark verschmutzte Wäsche muss mit 60 Grad gewaschen werden. Auf Kochprogramme kann man vollständig verzichten – auch Bakterien erfordern keine 90 Grad. Ein einziger Waschgang mit 95 Grad und Vorwäsche verursacht – selbst mit einem neuen Gerät – 1,4 Kilogramm CO_2. Wer auf die Vorwäsche verzichtet und seine Wäsche mit 40 Grad wäscht, kommt mit 300 Gramm aus. Ersparnis: 80 Prozent.

Volle Trommel Wer die Waschmaschine nur in Gang setzt, wenn die Trommel optimal beladen ist, spart Wasser, Energie und Geld.

Trocknen zum Nulltarif Die Sonne trocknet am besten, kostet nichts und führt zu keiner Klimabelastung.

Trocknen im Winter Wer seine Wäsche auf dem Speicher, in der Waschküche oder im Heizkeller trocknet, spart Energie. Wer seine Wäsche dagegen in der Wohnung trocknet, verschleudert Heizenergie, weil die Verdunstung des Wassers zur Abkühlung der Wohnung führt und so mehr geheizt werden muss. Ein Wäschetrockner mit guten Verbrauchswerten ist in diesem speziellen Fall klimafreundlicher. Ebenfalls hilfreich: Eine hohe Schleuderdrehzahl verringert die Restwassermenge.

Energiesparlampen

Einen stattlichen Haufen Kohle von über 200 Kilogramm – so viel spart jede einzelne Energiesparlampe im Laufe ihres Lampenlebens. Und ist dabei auch noch unschlagbar preiswert. Wie kaum ein anderes Produkt ist die kompakte Röhre zum Symbol für umweltfreundliches Wirtschaften geworden. Der geringe Stromverbrauch und die lange Lebensdauer sorgen dafür, dass etwa eine 15-Watt-Lampe bei einer Lebensdauer von 10 000 Stunden auf Gesamtkosten von rund 35 Euro kommt. Wer dagegen auf normale Glühbirnen setzt, belastet die Haushaltskasse mit 139 Euro. Bedenkt man, dass etliche Energiesparlampen im Dauertest der Stiftung Warentest auch nach 15 000 Stunden noch immer ihren Dienst verrichteten, verschiebt sich der Kostenvorteil weiter zu ihren Gunsten. Das gilt besonders für Markenartikel.

Es gibt nichts, was heute gegen Energiesparlampen spricht. Vor zehn Jahren störten sich viele noch am bläulich kalten Licht der sparsamen Lampen. Inzwischen bieten die Hersteller die unterschiedlichsten Farbnuancen. Sie reichen vom Tageslicht- und Extra-Warmweiß, was ungefähr der Farbe von Glühlampen entspricht, bis zu Blau, Gelb und Rot. Selbst in puncto Form und Design gibt es gewaltige Verbesserungen – Leuchtstofflampen werden in den unterschiedlichsten Varianten angeboten und können damit auch das Wohnzimmer erhellen.

Als Anfang der 80er Jahre die ersten Sparlampen auf den Markt kamen, bedeutete es auch noch den schnellen Lampentod, wenn Kinder sich einen Spaß daraus machten, das Licht im Bad und Flur ständig an- und auszuknipsen. Und mancher Papa hat die ganze Familie ermahnt: Wenn man nur ein paar Minuten das Zimmer verlässt, macht es ökologisch mehr Sinn, Energiesparlampen durchleuchten zu lassen. Die Stiftung Warentest hat schon vor Jahren Entwarnung gegeben: Die geprüften Modelle leuchteten im Dauertest zwei Jahre – sprich über 17 500 Stunden – und haben dabei 200 000-mal Ein- und Ausschalten unbeschadet überstanden.

Manch einer fürchtet, dass Energiesparlampen die Strahlenbelastung erhöhen. Eine Studie des Schweizer Bundesamtes für Gesundheit zeigt, dass sich die elektromagnetische Strahlung von Energiesparlampen im Rahmen der Abstrahlung herkömmlicher Glühbirnen bewegt. Und die hochfrequenten Felder der Vorschaltgeräte sind gering.
Auch die Sorge, Energiesparlampen würden die Umwelt mehr belasten, ist unberechtigt. Es stimmt zwar, dass jede Sparlampe Quecksilber enthält und als Sondermüll entsorgt werden muss. Weil aber bei der Stromerzeugung im Kraftwerk ebenfalls Quecksilber freigesetzt wird und Glühbirnen fünfmal mehr Strom verbrauchen als Sparlampen, kommt die Glühbirne unterm Strich auf höhere Quecksilberemissionen, wie das Öko-Institut in einem Systemvergleich errechnet hat. Einzige Kritik an den Sparlampen: Vor allem Billigmodelle halten in Sachen Schaltsicherheit und Lebensdauer oftmals nicht, was sie versprechen.

Trotz aller Vorteile sind Sparlampen noch immer nicht erste Wahl beim Kauf: So werden in Deutschland jährlich 470 Millionen Lampen verkauft. Die Energiesparlampe hat dabei nur einen bescheidenen Anteil von 25 Prozent. Und die Glühbirne bleibt nach wie vor die beliebteste Lichtquelle. Dabei verpuffen 95 Prozent der Energie in Form von Wärme. Nur fünf Prozent der Energie werden in Licht umgewandelt. Sparlampen haben eine Ausbeute von 20 bis 25 Prozent. Sie verringern deshalb den Stromverbrauch um 80 Prozent.

Welche Einsparungen möglich wären, zeigt ein Blick aufs große Ganze: In Deutschland benötigt jeder Haushalt im Jahr im Durchschnitt rund 300 Kilowattstunden Strom für die Beleuchtung. Wenn wirklich jeder seine Glühlampen auf den Müll werfen und durch Sparlampen ersetzen würde, könnte er 200 Kilowattstunden einsparen. Bei rund 37 Millionen

Haushalten verpuffen damit Jahr für Jahr über sieben Milliarden Kilowattstunden Strom. Sie verursachen 4,6 Millionen Tonnen CO_2. Der bereits erwähnte Kohlehaufen wächst auf schier unvorstellbare anderthalb Millionen Tonnen. Jahr für Jahr. Damit könnte man einen Güterzug mit 37 500 Waggons füllen – der quer durch Deutschland von Basel bis nach Rostock reicht.

Um es deutlich zu sagen: Man muss nur einmal fünf bis 15 Euro pro Sparlampe ausgeben, bei einem Schnäppchenkauf oftmals sogar weniger als die Hälfte. Wenn alle diese wahrlich überschaubare Investition von 50, 100 oder 150 Euro für alle Lampen machen würden, könnte die Atmosphäre um Millionen Tonnen CO_2 entlastet werden. Stattdessen zahlen wir in Deutschland für den Strom, den Glühbirnen verschlingen, jedes Jahr über eine Milliarde Euro zusätzlich.

Grüner Strom

Lange sah es so aus, als wäre Öko-Strom etwas für wenige überzeugte Öko-Aktivisten. Hier, wo Mieter wie Hausbesitzer ohne große Zusatzkosten ein deutliches Signal geben könnten, bewegte sich wenig. Zwar war schon 1998 das Monopol der Stromversorger gefallen, so dass seither jeder zu einem Stromanbieter wechseln kann, der seine Kilowattstunden klimafreundlich und atomstromfrei anbietet. Aber nur wenige Menschen ließen sich zum Umstieg bewegen. Dabei wollen nach einer Forsa-Umfrage fast 90 Prozent aller Deutschen ihren Kaffee am liebsten mit Sonnenstrom kochen. Kohle- und Atomstrom wünscht sich dagegen nicht einmal ein Drittel aller Bürger. Aber in der Praxis selber umsteigen? Theorie und Praxis klafften lange auseinander.

Dabei erfordert der Wechsel zu einem grünen Stromanbieter lediglich einen Antrag bei der gewünschten Firma. Alles andere geht dann von selbst. Niemand braucht einen zweiten Stromzähler oder neue Leitungen. Der örtliche Versorger – in der Regel das jeweilige Stadtwerk – ist weiterhin für ein intaktes Leitungsnetz verantwortlich, die Kosten dafür sind mit dem Strompreis abgegolten und werden mit dem neuen Anbieter verrechnet. Wechselgebühren entstehen keine.

Die ökologischen Vorteile sind dagegen erheblich. Das Öko-Institut hat errechnet, dass grüner Strom, wie ihn z. B. die Elektrizitätswerke Schönau oder LichtBlick bieten, die Klimabelastung um 75 Prozent im Vergleich zum üblichen Strom-Mix verringert. So verursacht eine Kilowattstunde grüner Strom 150 Gramm Kohlendioxid, eine konventionelle dagegen 660. So kommen in einem durchschnittlichen Zwei-Personen-Haushalt im Jahr 3030 Kilowattstunden oder fast zwei Tonnen CO_2 zusammen. Bei einem alternativen Anbieter würden rund 1,5 Tonnen eingespart.

Während zunächst der Zuspruch nur schleppend verlief, hat er 2007 deutlich an Fahrt gewonnen. Das Klimathema zeigte vielen, dass endlich etwas getan werden muss. Kohlekraftwerke gerieten genauso in die Kritik wie Atommeiler. Allein der Energieversorger Vattenfall hatte binnen kurzer Zeit den Verlust von 250 000 Kunden zu beklagen, nachdem der Konzern monatelang eine Panne nach der anderen in den Kernkraftwerken Brunsbüttel und Krümmel einräumen musste. Dementsprechend haben die Naturstromanbieter Rekordzahlen an Umsteigern verzeichnet. „Der Preis spielt beim Wechsel die wichtigste Rolle“, sagte Eberhard Meller, Geschäftsführer des Verbandes der Elektrizitätswirtschaft. Seit der Strommarkt liberalisiert wurde, haben sich vier Millionen Haushalte für den Wechsel des Anbieters entschieden, weitere 15 Millionen ein anderes Produkt ihres alten Stromanbieters gewählt. Nach einer Umfrage des VDEW haben 87 Prozent gewechselt, weil ihnen der Strom zu teuer wurde. Immer mehr Menschen achten auf ein umweltfreundliches Produkt, beobachtet auch Meller: „Jeder fünfte Kunde, der zu einem anderen Anbieter gewechselt ist, hat sich für Ökostrom entschieden.“

Ein herausragendes Beispiel ist die Leipziger Medienfachfrau Ulla Gahn. Sie erhielt im August 2007 den Klimaschutzpreis der Deutschen Umwelthilfe für die von ihr initiierten Ökostromwechselparties. Ulla Gahn war zunächst selbst von ihrem Stromversorger zu einem Anbieter umwelt- und klimafreundlichen Stroms gewechselt. Dann hatte sie bei einer „Stromwechselparty“ in den eigenen vier Wänden Freunden und Bekannten ihre Motive erklärt. Bei Kaffee und Kuchen und mit Unterstützung von Fachleuten informierte sie über die Wechselmodalitäten, über die Herkunft von Ökostrom und dessen Preis. Viele unterzeichneten noch am selben Abend ihren Antrag zum Wechsel.

Der Zuspruch auf den Wechselparties war immens. Zunächst fanden sie in Clubs statt, in Räumlichkeiten von Bürgervereinen, schließlich in veritablen Sälen. Das Ergebnis der ehrenamtlich und unentgeltlich organisierten Veranstaltungen war immer dasselbe: Die Besucher ließen sich in entspannter Atmosphäre beraten, genossen Kaffee und Kuchen – und wechselten in Scharen ihren Stromversorger. Und die Medien feierten Ulla Gahn als „Ikone des Stromanbieter-Wechsels“. In Leipzig, München und Düsseldorf, in Berlin, Hamburg, Köln und Frankfurt.

Aber nicht nur Privatkunden werden vom Wechselfieber erfasst. Anfang Januar 2008 kündigte der Handelsriese Rewe an, er beziehe seinen Strom ab sofort komplett aus erneuerbaren Energien. Damit sei Rewe der größte Nutzer von grünem Strom in Deutschland, erklärte das Unternehmen. Die bundesweit rund 6 000 Märkte sowie Reisebüros und Lager der Handelskette werden nach eigenen Angaben nun durch einen Strommix aus Biomasse, Wasser- und Windkraft versorgt. Die gesamte Rewe-Gruppe habe einen jährlichen Energie-Bedarf von zwei Milliarden Kilowattstunden Strom – mehr als alle Haushalte in Köln.

Auch Kommunen machen erste Schritte in diese Richtung. Die Kleinstadt Wolfhagen bezieht seit Anfang 2008 für ihre 10 000 Tarifkunden nur noch Strom aus den Wasserkraftwerken der Österreichischen Elektrizitätswerke AG mit Sitz in Wien. Die Stadtwerke in Kassel kündigten an, ihren Kunden nur noch Strom aus Wasserkraft zu liefern. Und die Stadt Bonn gab bekannt, dass seit Januar 2008 zumindest im Alten Rathaus und im Stadthaus alle elektrischen Geräte mit Ökostrom laufen. Die beiden Liegenschaften verbrauchen im Jahr rund 7,4 Millionen Kilowattstunden Strom.

Allerdings zeigen die Beispiele Kassel und Bonn auch, dass man genau prüfen muss, ob ein solcher Wechsel tatsächlich dem Klima etwas bringt. Denn beide nutzen die kostengünstige Möglichkeit so genannter RECS-Zertifikate. Diese Zertifikate garantieren, dass kein Betrug stattfindet, indem Ökostrom zwei- oder gar dreimal verkauft wird. Was bei Strom leicht möglich ist, weil niemand einem Elektron ansehen kann, ob es aus Wasser-, Wind- oder Atomkraft gewonnen wurde. Aber die RECS-Zerfifikate sorgen nicht dafür, dass tatsächlich mehr erneuerbare Energien ins Netz eingespeist werden. Wenn nicht zusätzlich sichergestellt ist, dass tatsächlich in neue ökologische Stromerzeugung investiert wird, ändert sich am Strommix nichts. Denn dann bedeutet ein atom- und kohlestromfreies Kassel lediglich, dass all die anderen Kunden einfach einen höheren Anteil an Kohle- und Atomstrom bekommen. Die bundesweit tätigen Ökostromanbieter wissen das: Nur wenn tatsächlich zusätzlicher Ökostrom eingespeist und eine „schmutzige“ Strommenge verdrängt wird, verbessert das den europäischen Strommix. Wenn das sichergestellt ist, dann sind – wie etwa bei LichtBlick – auch RECS-Zertifikate sinnvoll.

Dennoch ist die Umstellung Kassels und Bonns ein erster Schritt in die richtige Richtung. Vor allem wegen ihrer symbolischen Bedeutung: Sie demonstriert den Willen zum Wechsel der Energiepolitik – nach all den Risiken und ungelösten Entsorgungsproblemen der Atomkraft und nach all den dramatischen Klimaszenarien. Glaubwürdig ist sie aber nur, wenn es nicht dabei bleibt. Die Stadt Bonn räumte denn auch ein, dass sie aus Kostengründen zunächst nur „Bronze-Ökostrom“ – ohne Zuschuss für den Bau zusätzlicher Naturstrom-Erzeugungsanlagen beziehe. Das „bessere“ Gold-Zertifikat würde jährlich statt 15 000 Euro das Zehnfache an Mehrkosten verursachen. Mittelfristig, so kündigte Oberbürgermeisterin Bärbel Dieckmann an, wolle man aber auf diesen „Gold-Ökostrom" umsteigen. Das würde Bonn gut zu Gesicht stehen – in der Stadt ist das UN-Sekretariat für die internationalen Klimaverhandlungen angesiedelt.

Unabhängig davon, ob die Kunden die Bronze- oder die Gold-Variante beziehen – je mehr Haushalte, Firmen und Kommunen auf Öko-Strom umsteigen, desto besser. Richtig wirkungsvoll wird der Wechsel vor allem dann, wenn die Abnehmer mehr Öko-Strom kaufen, als derzeit erzeugt wird – im Jahr 2007 waren es in Deutschland 13 Prozent. Dann nämlich müssen die Stromversorger schauen, woher sie die klimafreundlichen Kilowattstunden bekommen. Und das heißt, in Öko-Strom zu investieren.

Mobilität

Von den 24 Stunden eines Tages verwendet jeder Mensch in allen bislang untersuchten Kulturen im Durchschnitt etwas mehr als eine Stunde, um von A nach B zu kommen – zu Fuß, mit der Kutsche, dem Fahrrad, der Straßenbahn, dem Auto oder mit dem Flugzeug. Verkehrswissenschaftler sprechen von der Konstanz des Reisezeitbudgets. Diese weltweit geltende Zeitkonstante hat eine verblüffende Konsequenz. Wenn wir die Geschwindigkeit der Verkehrsmittel erhöhen, kommen wir im Durchschnitt nicht schneller ans Ziel, sondern überbrücken weit größere Entfernungen. Mit der S-Bahn kommt man in einer halben Stunde einmal quer durch München. Durch den ICE wurde Augsburg zur Pendelstadt vor den Toren der bayerischen Landeshauptstadt – Fahrtzeit 40 Minuten. Mit dem Flieger kommt man in der gleichen Zeit fast bis nach Frankfurt.

Fliegen

Fürs Klima ist diese Entwicklung fatal. Denn solange die Reisezeit konstant bleibt, aber immer leistungsfähigere Verkehrsmittel zur Verfügung stehen, nimmt die Zahl der zurückgelegten Kilometer ständig zu. Das ist die größte Krux am Flugzeug. Johann Wolfgang von Goethes Reise nach Italien dauerte zwei Jahre. Heutzutage ist Rom an einem Wochenende zu machen. Wenn Flugreisen billig sind, ist das zwangsläufig die Konsequenz. Und mit dem Flieger werden zehnmal mehr Kilometer zurückgelegt als mit dem Auto und fünfzigmal mehr als mit dem Fahrrad.

Das Auto ist zu unserem Alltagsvehikel geworden. Durch seine Geschwindigkeit und Flexibilität hat es die Zahl der Kilometer vervielfacht, die Tag für Tag zurückgelegt werden. Es verdrängt dadurch diejenigen, die schwächer sind: Fußgänger, Fahrradfahrer, Straßenbahnen. Es sei denn, es wird städtebaulich gegengesteuert: mit Fußgängerzonen, Spielstraßen oder Radwegen.

Gleichzeitig ist das Auto zum Inbegriff energetischer Ineffizienz geworden. Von der Energie, die im Kraftstoff steckt, dienen nicht einmal ein Prozent dem tatsächlichen Transport, wie John B. Heywood im „Spektrum der Wissenschaft" gezeigt hat. Der Professor für Mechanik am Massachusetts Institute of Technology kommt zu einem vernichtenden Ergebnis: Der heute gängige Ottomotor hat im Stadtverkehr einen Wirkungsgrad von 20 Prozent. Sprich: Nur 20 Prozent der Energie, die im Benzin steckt, wird in mechanische Energie umgewandelt – der große Rest verpufft in Form von Wärme. Kommen dann noch ein kalter Motor, eine niedrige Außentemperatur oder lange Leerlaufzeiten hinzu, sinkt der Anteil der Energie, die auf die Räder übertragen wird, auf gerade noch zehn Prozent. „Doch selbst das ist nur die halbe Wahrheit", betont John B. Heywood. Fährt ein einzelner 80-Kilo-Mann in einem 800 Kilo schweren Auto von A nach B, dienen neun Prozent der Energie dazu, das Auto und nur noch ein Prozent, diesen Menschen zu transportieren. Steigt dieser Mann jetzt auch noch von einem Kleinwagen in einen Geländewagen mit oftmals 2,5 Tonnen Gesamtgewicht um, verringert sich die Effizienz auf winzige 0,3 Prozent. Wenn man auch Produktion und Vertrieb des Kraftstoffs sowie Herstellung, Instandhaltung und Entsorgung des Autos berücksichtigt, dann dienen ganze 0,2 Prozent der eingesetzten Energie dem Transport unseres 80-Kilo-Mannes.

Angesichts solcher Zahlen lauten die entscheidenden Fragen: Wie können wir unser Mobilitätssystem weiterentwickeln, damit es für die Welt verträglicher wird? Welches Tempo sollen die Verkehrsmittel der Zukunft haben? Und das heißt: Welche Strecken wollen wir regelmäßig zurücklegen? Welche Rolle spielen Bus und Bahn in einem solchen Konzept? Und eher kurzfristig: Wie können Autos einen sinnvollen Platz in einem zukunftsfähigen Mobilitätsmix behalten?

Die deutsche Autowirtschaft gehört bislang zu den wichtigsten und innovativsten Säulen der deutschen Wirtschaft. Aber angesichts der vor uns liegenden Klimaherausforderung hat sie auf der ganzen Linie versagt. Sie hat die eingegangene freiwillige Selbstverpflichtung regelrecht an die Wand gefahren: Bis 2008 sollten Neuwagen im Schnitt nicht mehr als 140

Gramm CO_2 pro Kilometer ausstoßen. Im Durchschnitt kamen alle deutschen Autobauer auf satte 177 Gramm. Das entspricht einem Benzinverbrauch von 7,5 Litern Benzin auf 100 Kilometer.

Die Autokonzerne versuchten den Schwarzen Peter an ihre Kunden weiterzureichen: Volkswagen habe die Produktion des 3-Liter-Lupo Ende 2004 eingestellt, Audi den verbrauchsarmen A2 aus dem Programm genommen, weil kaum einer diese Modelle kaufen wollte. Tatsache ist: Sie waren schlicht zu teuer und wurden kaum beworben. Gleichzeitig haben unsere Autokonzerne an vorderster Front die Kampagne gegen die Ökosteuer unterstützt und dazu beigetragen, dass die Ökosteuer nicht mehr – wie von der damaligen rot-grünen Bundesregierung angedacht – jährlich um zwei Cent steigt. Das hätte den Anreiz erhöht, auf spritsparende Autos umzusteigen.

Dabei war die Ökosteuer ausgesprochen wirkungsvoll. Die Effizienz der Straßenfahrzeuge – also aller Pkw und Lkw – verbesserte sich von 1999 bis 2005 jährlich um 2,5 Prozent. Seit 1998 sank in Deutschland nicht nur – anders als in fast allen westlichen Industrieländern – der Spritverbrauch. Die durchschnittlich mit dem Auto zurückgelegten Kilometer sind in den letzten zehn Jahren von rund 15 000 auf 11 000 Kilometer gesunken. Insgesamt sanken zwischen 1999 und 2005 die CO_2-Emissionen des Straßenverkehrs um etwa 13 Prozent auf insgesamt 23 Millionen Tonnen. Insbesondere eine Weiterführung der Ökosteuer, eine Umstellung der Kfz-Steuer, die den CO_2-Ausstoß zum Maßstab nimmt, und nicht zuletzt ein Tempolimit könnten diesen Trend verstärken.

Mit der BahnCard 100 sich vom Auto verabschieden?

Die BahnCard 100 kann eine Alternative zum Auto sein. Sie kostet 3500 Euro im Jahr. Dafür kann eine Person alle Bahnstrecken in Deutschland sowie in praktisch allen Städten den öffentlichen Verkehr benutzen. Kinder bis 14 Jahre reisen kostenlos mit. Und alle Familienangehörigen erhalten ohne Aufpreis eine Bahncard 25. Die BahnCard 100 lohnt sich vor allem bei größeren Pendlerstrecken oder wenn ein Arbeitgeber einen Teil der Kosten übernimmt, da ja auch Dienstreisen dann umsonst getätigt werden können. Sie lohnt sich gerade dann, wenn es dadurch möglich wird, auf ein Auto ganz zu verzichten. Häufig ist mit der BahnCard 100 dann einiges an Geld einzusparen.

Nachweise

S. 9–19: Sven Plöger: Gute Aussichten für Morgen
© 2009 Westend Verlag in der Piper Verlag GmbH, München und Frankfurt

S. 20–30: Wolfram Mauser, „Wie lange reicht die Ressource Wasser? Vom Umgang mit dem blauen Gold." S. 29–44
© 2007 Stiftung Forum für Verantwortung
Grafiken © Peter Palm, Berlin

S. 34–41: Christian Meier, „Wasser mit nebulöser Wirkung"
© 2010 Dr. Christian Meier, Darmstadt

S. 42–50: Alan Weisman: Die Welt ohne uns
© 2007 Piper Verlag GmbH, München

S. 55–68: Iwan Papanin, „Eis und Flamme", Auszüge
© 1981 Karl Dietz Verlag, Berlin

S. 69–80 J. M. Stagg, Forecast for Overlord, Ian Allan, London 1971, S. 104–115

S. 81–88: Dieter Walch, „So funktioniert das Wetter", S. 7–15
© 2000 BLV Buchverlag GmbH & Co.KG

S. 89–98: Deutscher Wetterdienst (Hg.), „Wettervorhersage: Messen – Berechnen – Interpretieren"
© Deutscher Wetterdienst, Offenbach
Alle Bilder: © Deutscher Wetterdienst, Offenbach

S. 107–114: Oliver Sacks, „Der einarmige Pianist. Über Musik und das Gehirn"
Deutsche Übersetzung von Hainer Kober
Copyright © 2008 by Rowohlt Verlag GmbH, Reinbek bei Hamburg

S. 115–121: Simone Tavenrath, „So wundervoll sonnengebräunt. Kleine Kulturgeschichte des Sonnenbadens“

S. 122–131: Mojib Latif, „Bringen wir das Klima aus dem Takt? Hintergründe und Prognosen“ S. 153–167

S. 136–141: Claus Leggewie, Harald Welzer, „Das Ende der Welt wie wir sie kannten.“, Auszüge

S. 142–147: Felix Ekardt, Cool down, 50 Irrtümer über unsere Klima-Zukunft, S. 88–97

S. 148–158 Germanwatch (Hg.), Christoph Bals, Horst Hamm, Ilona Jerger, Klaus Milke: „Die Welt am Scheideweg: Wie retten wir das Klima?“
Mit einem Vorwort von Arved Fuchs